提升孩子注意力的实用妙招

黄祖顺◎著

中国纺织出版社有限公司

内 容 提 要

注意力是否集中对学习和做事的影响每个人都知道，然而注意力不集中却是现实中很多孩子都存在的问题，家长只有从小注意对孩子注意力的提升训练，才能真正挖掘孩子的天赋和潜能。

本书是一本家庭教育类书籍，从家长们的教育烦恼——孩子注意力不集中出发，阐述孩子注意力问题产生的原因，并从八个方面给予强化训练，帮助家长更好地培养孩子对学习做事的专注力。

图书在版编目（CIP）数据

提升孩子注意力的实用妙招／黄祖顺著. --北京：中国纺织出版社有限公司，2020.9

ISBN 978-7-5180-7400-6

Ⅰ.①提… Ⅱ.①黄… Ⅲ.①儿童—注意—能力培养 Ⅳ.①B842.3

中国版本图书馆CIP数据核字（2020）第076535号

责任编辑：赵晓红　　责任校对：寇晨晨　　责任印制：储志伟

中国纺织出版社有限公司出版发行

地址：北京市朝阳区百子湾东里A407号楼　邮政编码：100124

销售电话：010—67004422　传真：010—87155801

http://www.c-textilep.com

中国纺织出版社天猫旗舰店

官方微博 http://weibo.com/2119887771

三河市延风印装有限公司印刷　各地新华书店经销

2020年9月第1版第1次印刷

开本：880×1230　1/32　印张：7

字数：118千字　定价：39.80元

前言

相信在我们的生活中，很多家长朋友们都有这样的苦恼：孩子做事不专心、好动、走神发呆、粗心马虎、自控力差、拖沓磨蹭、一心多用、学习困难……其实，这些都是注意力不集中的表现。

面对注意力不集中的孩子，不是长吁短叹就是暴跳如雷，还有一些妈妈会大声训斥，以为这样就能帮孩子拉回注意力。可遗憾的是，大声吼叫只能维持几分钟的效果，孩子也只是在那一瞬间集中了注意力，但随后又会变成一个坐不住的“魔童”了……

其实，面对这样的情况，我们应该从小培养孩子的注意力，掌握孩子注意力的发展规律，采取科学的方法，让孩子掌握集中注意力的方法，这比单纯地抱怨孩子注意力不集中，大吼大叫地训斥孩子更为重要。

的确，孩子注意力不集中，是一个普遍存在的教育问题，学校老师也为之头疼，虽然学校也在努力解决，一些老师上课时也总是重点强调要认真听课，但并没有起到什么显著效果。很多时候，还需要父母在家中对孩子进行注意力的培养与提升。

可喜的是，一些父母已经意识到了这一点，所以也在积极寻找办法来解决这一问题。要帮助孩子提升注意力，我们家长首先要科学认识注意力，并了解孩子注意力差的原因，不可盲目训练。

注意力不集中的原因主要是三大类：第一是儿童大脑功能发育不协调，即感觉统合失调；第二是抗干扰能力弱，容易受外界信息所诱惑；第三是听觉记忆广度不足，即瞬间记忆时所能接受的句子或字节的范围窄。

除了这三大类，其它一些后天因素也会分散孩子的注意力，例如，放纵孩子长时间地看电视、玩电脑，生活没有计划性，做事没有条理性，没有养成良好的学习和生活习惯，家长没树立好榜样作用……

找到这些问题后，我们便能对症下药对孩子进行注意力提升的训练了，然而，一些父母会说，在哪里能学习到帮助孩子提升注意力的方法呢？这就是我们编写本书的目的。

本书详细阐述了孩子注意力的奥秘，帮助我们挖掘出孩子注意力不集中的深层次原因，并结合案例，给出了提高孩子注意力的60种方法，囊括了孩子注意力培养的方方面面，进而为我们培养出一个学习认真、做事专注的好孩子。

作者

2020年2月

目录

第01章 爱走神不是小事，别忽视注意力对孩子的影响

学习不认真、做事不专心、好动、走神发呆、粗心马虎、自控力差、一心多用、学习困难……你的孩子有这些问题吗？这些都是注意力不集中的表现。对此，很多父母一提到孩子注意力不集中的问题，不是暴跳如雷，就是听之任之。其实，孩子爱走神不是小事情，注意力是打开孩子心灵的唯一门户，如果不加以引导，将会对孩子造成严重的影响，但我们要想对这一问题进行积极有效的干预，还需要先了解关于孩子注意力的全方位的知识，这就是我们本章要分析的内容。

天才，首先是注意力——打开孩子心灵的门户

在家庭教育中，我们经常听到一些家长谈到自己的苦恼："我的儿子在幼儿园非常不老实，做游戏时不好好做游戏，学唱歌时不好好唱歌，坐不住，乱跑乱跳！""我女儿很聪明，但就是特别粗心，考试时大题不会做，小题总出错！常被老师点名批评！""我家女儿上课总是不注意听讲，课下什么也不会，因为这我打过、骂过，总是不管用！""我的儿子做作业，总是磨磨蹭蹭，一会儿动这个，一会儿玩那个，一点作业都要做到半夜"……其实，这些父母苦恼的问题都能归结到一点——孩子注意力差。

面对此情此景，一部分家长要么采取"棍棒式"教育——训斥或者体罚，要么是常常抱着侥幸的心理，觉得注意力不集中等到孩子长大自然就好了，实际上，这都是两种教育上的误区。俗话说："三岁看大，七岁看老。"随着年龄的增长，孩子注意力不集中非但不会好转，反而会对孩子产生很大的危害！

为此，作为父母，我们要趁早对孩子的注意力问题引起重视，要知道，注意力的训练是孩子知识教育的前提，是打开孩子心灵的门户。门开得越大，学到的东西就越多。而一旦注意

力涣散了或无法集中，心灵的门户就关闭了，一切有用的知识信息都无法进入。

我们生活的世界是色彩斑斓的，事物也是呈现出千姿百态的，那么，我们凭什么会对周围的事物有这样的感知力呢？又是如何得出我们的结论呢？其实，能让人类产生这样感觉的原因，就是人们拥有注意力。

正因为如此，法国生物学家乔治·居维叶说：“天才，首先是注意力。”俄国著名教育家乌申斯基这样评价注意力：“注意力是我们心灵的唯一门户，意识中的一切，必然都要经过它才能进来。”就连伟大的革命导师马克思也同样表示：“天才就是集中注意力。”

由此可见注意力是多么重要。可以说，人类认识世界的一切信息与智慧，都是借由注意力才获得的。作为大脑进行感知、思维、记忆、逻辑判断等所有认识活动的基本条件，注意力是一切认识的基础。

历史上许多著名的科学家之所以取得令人瞩目的成就，与其拥有良好的注意力有很大关系。良好注意力对他们帮助很大。

英国细菌学家弗莱明，在诸多的培养器皿中发现了一只长出了团青色霉菌的培养皿。他对这个现象格外注意，并由此展开了认真的观察，还进行了严谨的培养研究。最终，他发现了一种强有力的杀菌物质——青霉素。

法国科学家居里夫人从小就有专注于学习的习惯，即便有其他小姐妹过来恶作剧，她依然不为所动，继续认真学习。成年后的居里夫人在科研工作中更是认真专注，即便获得了学术上的巨大成就和荣誉后，她依旧专心于科学事业。

法国雕塑家罗丹，一生热衷于雕塑。一次，一位朋友前来他的家中作客，但他依然沉浸在雕塑中，且一边修改一边念念有词，直到两个小时后才满意地停止，而他的朋友就这样等了他两个小时。

类似这样的事例数不胜数，我们再来看看我国古代著名书法家王羲之认真专注的故事。

王羲之是我国古代著名的书法家，在他很小的时候，练字就认真刻苦。

据说，从他手上写完作废的毛笔，能堆成一座小山，人们叫它“笔山”。在他门前，有个小水池，因为王羲之经常在这个水池里洗毛笔、冲砚台，后来小水池的水都变黑了，被人们叫作“墨池”。

长大以后，王羲之在书法上的造诣已经十分深厚了，但即便如此，他还是坚持练习。

有一天，王羲之练习书法期间忘记吃饭，丫鬟就送来他平时最喜欢吃的蒜泥和馍馍，并嘱咐他吃，但王羲之好像根本没听到，依然在练习，丫鬟没办法，就去告诉王羲之的夫人。

王羲之的夫人携着丫鬟就进书房看看，结果看到王羲之正拿着一个沾满墨汁的馍馍往嘴里送，弄得满嘴乌黑。她们忍不住笑出了声。

原来，王羲之边吃边看着字，错把墨汁当成蒜泥蘸了。夫人心疼地对王羲之说："你的字已经很不多了，要注意身体，别只顾着练字了。"

王羲之抬起头，回答说："我的字虽然不错，但是一直在学习前人的写法。我要有自己的写法，自成一家，不苦练是不会成功的。"

经过艰苦摸索，王羲之写出了一种妍美流利的新字体。大家称赞他写的字像彩云那样轻松自如，像飞龙那样雄健有力。王羲之被认为是我国历史上最杰出的书法家之一。

可见，古今中外的学者都非常强调注意力的重要性，注意力不集中，学问就很难做好。其实不只是做学问，无论哪个行业，无论做什么事，几乎每一位历史人物所作出的卓越贡献，无一不与注意力有着千丝万缕的联系。

然而，不得不说，我们的孩子的注意力状况令人堪忧。《中国青少年注意力状况调查报告》显示，在接受调查的2000多名学生中，能在上课时做到集中注意力的只有58.8%，能坚持听课达到30分钟以上的只有39.7%的人。而自习时，则只有48.6%的人可以集中注意力，有超过20%的人经常走神。

另外，根据调查报告，我们得知，在这些孩子中，表示明确得到过来自学校、父母或社会中关于提高注意力的帮助的只有16.1%的，有52.7%的人表示，父母和学校开始认识到注意力对于自己学习的重要性了。这样的数据告诉我们，竟然有高达一半的孩子的父母是不关心孩子注意力问题的。不仅如此，当出现注意力不集中的问题时，一些父母也只是告诫和提醒，认为孩子是不听话或者不爱学习造成的，并没有深刻了解和认识注意力的问题。

对于孩子来说，注意力是他成长道路上绝对不能被忽略的一项能力。孩子游戏玩耍时需要注意力，否则无法体会到酣畅淋漓的快乐；学习时需要注意力，否则无法真正学习到知识；在与人交往时也需要注意力，只有这样才能与他人建立起最基本的联系……对于孩子来说，良好的注意力可以帮他打开心灵的窗户，让他能更广泛、更深入地接触、认识并了解这个世界。

总之，作为父母，我们要知道，天才，首先是注意力，而专注力是一种习惯，而习惯要从小培养，抓得越早，后面效果就越好。

脑科学与注意力——控制注意力的是人类大脑

一提到孩子的注意力，很多父母都知道注意力对孩子的成长尤其是学习上的重要性，但是他们也会不自觉地皱起眉头，因为这实在是个太难搞定的问题了。课堂上，孩子总是不能静下心来好好听课，他们似乎总是有做不完的小动作，有说不完的话，不是东张西望，就是和同学说说悄悄话，要么玩文具，似乎只要不学习，他们玩什么都可以。

对此，很多家长感到很焦虑，其实，不只是孩子，就连我们成人，都普遍存在注意力缺失的问题，而且，现代社会，随着网络的发达、电子设备的普及以及各种社交媒体的广泛使用，人们的注意力越来越容易被分散，正因为如此，我们更需要从深层次分析注意力问题。

其实，控制注意力的是人类的大脑，因此我们从脑科学的角度来重新认识注意力，这样才能更科学地帮孩子学会集中注意力。

那么，从脑科学的而角度看，我们的孩子为什么无法集中注意力呢？下面，我们从三个方面进行分析：

1.当诱惑太多，大脑就会频繁发出信号

罗伯特·戴斯蒙是美国麻省理工学院的脑神经学家，他在关于这一问题的研究中发现，前额叶皮质区的神经元控制了人类大脑的注意力，当这些神经元一起释放信号时，就会由于共振而形成信号上下波动，类似于正弦曲线一样的伽马波，这时人就可以主动选择注意力的方向。

我们所说的注意力问题，并不只是注意力分散的问题，而是有两种表现：

一种就是总是无法集中注意力，做什么都无法专心，这种注意力问题是与大脑额叶外侧相关；另外一种就是专心过剩倾向，就是对某种事物太过执著而难以自拔，这种倾向与额叶内侧、带状回的活动过剩有紧密关系。

其实，孩子之所以会注意力不集中，往往是第一种原因——我们提供了太多吸引他前额叶皮质区神经元释放信号的因素。比如，随着科技的发展和人们生活水平的提高，我们的孩子的视野里总是充斥着各种各样的玩具和电子产品，另外，电视或者电脑上还经常有动画片，孩子的注意力也被分散……

正是这些东西让孩子很轻易地就将注意力从学习知识上转移开来，针对这种情况，我们就要适当减少对孩子的多余刺激，尤其是在他学习的时候，我们要努力为孩子营造安静的环境，多为孩子准备一些学习的东西而非玩具，使他的所有注意力都集中到学习。再比如，很多孩子注意力难以保持很长时间，其实也情有可原，大脑如果长时间保持兴奋，也会感到疲劳。那么我们就不妨帮孩子合理安排时间，让他的大脑能得到充分的休息。

2.孩子喜欢探索和学习，但不喜欢将兴趣变成负担

孩子对这个世界都是充满好奇心的，他们喜欢探索和学习，这是他们成长中的快乐，但是一旦这些学习活动变成单纯的竞争、追求结果和成绩的事情时，原来的探索和学习活动也变得索然无味，全身心投入的内驱力也消耗殆尽，注意力自然

也不复存在。

一些教育专家在调查和研究中发现，很多学习乐器的孩子一开始都有兴趣，但一旦在历经考级后，其中80%都再不愿碰乐器，对音乐的兴趣也荡然无存，更别提从音乐中获得快乐。

3.当父母过于追求速度，孩子的专注时刻就被剥夺

很多孩子感到太累了，因为只要不在学校上课，他们就要被安排上各种兴趣班，有奥数、英语、绘画、游泳、古筝……孩子的时间被安排得满满的，家长带着孩子奔波于各个兴趣班中。

由于神经系统在特定的时间内处理的资讯极为有限，处理的事情越多，耗费的精神能量就越多，从而导致意志力疲劳，没办法进行深度思考。如果孩子需要在众多的任务中不停切换，精神能量被瓜分得支离破碎，能不能做到样样精通先不说，至少孩子的专注力也被破坏了。

在了解了注意力与大脑的关系之后，我们在培养孩子的注意力时就不要那么急躁也不要总是训斥孩子了，而是要寻找科学的方法。

孩子的大脑在不断地发育成长，我们首先要了解不同年龄段的孩子注意力到底可以集中多长时间。一般来说，孩子集中注意力的时间随着年龄增长而延长。

1岁以下的孩子注意力的集中时间不超过15秒；1岁半的孩子对感兴趣的事物则可以集中注意力5分钟以上；2岁的孩子集

中注意力的平均时间大约为7分钟；3岁的孩子平均为8分钟；4岁则为12分钟；5岁为14分钟；小学低年级的孩子一般可以集中注意力20分钟左右；10~12岁的孩子为25分钟，12岁以上的则可以达到30分钟。

根据孩子的注意力发展规律，我们就可以帮助孩子制订时间计划表，比如，什么时间学习、什么时间休息都进行合理的安排。制订计划表后，我们就提醒和监督孩子认真学习，而到了孩子该休息和玩耍的时候，也鼓励他进行玩耍和休息。

另外，根据脑科学的研究，在培养孩子的注意力时，除了要帮他确定哪种事情是需要真正集中注意力的，还要让他能根据事态的发展及时转移注意力，以免白白浪费注意力。

总的来说，作为父母，我们不但要对孩子注意力的问题引起重视，更应当从脑科学的角度了解这一问题，这样，能帮助我们更好地帮助孩子纠正注意力不集中的情况。另外，有些情况下，孩子注意力不集中，很有可能是某些疾病引起，这是一种注意障碍，需要我们及早进行干预和治疗，从脑科学的角度认识注意力问题，也能尽早让我们发现孩子的病症，并尽早对症下药。

如何判定孩子注意力的好坏——注意力有四种标志

前面小节中，我们分析过，人类的注意力是受大脑控制的，无论是成人还是孩子，都有一定程度的注意力不集中的问题，只是相对于孩子来说，我们成人的自控能力更强，并且，同样是成长期的孩子，一些孩子注意力更好一些，他们做事效率更高，相对的，注意力差的孩子不仅事情做不好，还容易对他人产生影响，让我们格外担心。以学习为例，我们发现，不少注意力差的孩子上课总是开小差，玩玩这个，看看那个，下课时间乱蹦乱跳，撞到同学也是嬉皮笑脸的；考试过程中也是东张西望，不好好做自己的卷子……无法注意力集中地做自己的事情，还总是打扰到别人。

不过，也有一些父母好奇的是，一些孩子在这一问题上显得很矛盾，你说他注意力不好吧，但是他有时候也比较认真，且认真起来谁也比不上，但是你说他注意力好吧，可他除了玩游戏、看电视，做其他任何事情却又很难坚持下去。尤其是学习上他非常容易分心，课堂上爱说话，要不就是做小动作，不仅其他同学也跟着没法好好听课，老师上课也容易受他影响。

的确，很多父母陷入迷惑中："我的孩子注意力到底是好是坏呢？"

我们发现，不少孩子都有这样一些表现，玩乐的时十分专注认真，但一到学习就注意力涣散了。其实，孩子玩游戏认真不能算注意力好，因为对于孩子来说，最重要的并不是游戏，而是要学习和掌握知识，只有这样，才能提高本领，获得生存和发展的技能。只有专心致志地做好这些事，他的人生才是成功且幸福的。

对此，我们先要来了解下什么是注意力。

注意力是指人的心理活动指向和集中于某种事物的能力。而孩子的注意力主要就是指孩子专心做事、专心想事的能力。如果孩子还拥有学生的角色的话，注意力就代表孩子能够集中注意力完成学业的能力。

注意力是心理活动对一定事物的指向和集中。我们要判断一个人的注意力好坏，要找到一定的标准，即注意的稳定性、注意的广度、注意的分配和注意的转移，这是衡量一个人注意力好坏的标志。一般针对注意力的训练也会从这四个方面来分别展开。

1.注意的稳定性

所谓注意的稳定性，指的是一个人在一定的时间内，比较稳定地把注意集中于某一特定的对象与活动的能力。比如，孩子上课，认真听课能提升听课质量，相反，如果上课大部分时间孩子都不在状态，那么，孩子的学习效果自然不如意。

2.注意的广度

所谓注意的广度，指的是注意范围的广度，也就是人们对于所注意的事物在一瞬间内清楚地觉察或认识的对象的数量。

研究表明，在一秒钟内，一般人可以注意到4~6个相互间联系的字母，5~7个相互间没有联系的数字，3~4个相互间没有联系的几何图形。

当然，不同的人，注意的广度是不同的，一般来说，成人的注意广度比孩子大，但是随着孩子成长，注意力的广度会不断得到提高。

3.注意的分配

注意的分配是指一个人在进行多种活动时能够把注意力平均分配于活动当中。比如，我们作为家长能一边看新闻，一边做饭；孩子能一边看书，一边记录书中的精彩部分。

然而，人的注意力毕竟是有限的，不可能将所有事都尽收眼底。如果苛求自己什么都注意，那最终可能什么东西都注意不到。但是，在注意的目标简单或者已经很熟悉的情况下，是可以做到一心多用的。当然，能否做到这一点，还和注意力能够持续的时间有关，所以要根据自己的实际能力，逐渐培养有效注意力的能力。

4.注意的转移

注意的转移是指一个人能够主动地、有目的地及时将注意从一个对象或者活动调整到另一个对象或者活动。

注意力转移的速度是思维灵活性的体现，也是快速加工信息形成判断的基本保证。例如，在孩子看完了一个他喜欢的动画片后，此时隔壁的同学来和他一起讨论数学题，孩子如果能及时从动画片中转移出来，那么，孩子的注意转移性就不错。

注意力集中和转移注意力是一个事物的两个方面。孩子每天都在这两种状态下学习或生活，每天要上好多节课，每一节课的内容都有所不同。上语文课的时候全神贯注，上数学课时无法让注意力从语文课转移到数学课上，那么数学课的学习效果就会大打折扣。可见，对学生来说，学会转移注意力和注意力集中对提高学习成绩同样有益处。

如果您觉得孩子已经存在注意力方面的问题，如多动、马虎、走神、发呆、写作业拖延等，应进行测评和诊断，了解孩子注意力情况，及早进行干预。

不可侥幸——孩子注意力不集中不是小事

作为家长，你的孩子是否有这样一些表现：作业总是做错，粗心大意；在家学习时只要外面有一点响动，就忍不住跑出去看个究竟；上课过程中也不知道想什么，老是走神，不专注……而这些就是孩子注意力不集中的表现，对此，一些父母采取训斥乃至打骂的方式，认为孩子太调皮，而也有一些父母，则会觉得觉得孩子注意力不集中是因为孩子还小，不懂事，长大了就好了。但是研究表明，只有35%的孩子在成长过程中注意力会有所改善，65%的孩子因为注意力问题伴随终身。注意力是一切学习的基础，是孩子通向成功的保障!所以，对于孩子注意力的问题，我们不可小视。

所谓注意力，又称专注力，是指能将焦点或意志集中在某一件事物或任务上并持续一段时间，而不被外界刺激所干扰的能力。良好的专注力，是大脑进行感知、记忆、思维等认识活动的基本条件。

那么专注力过低的话，对孩子的发展会有什么危害呢?

1.容易成为“问题儿童”

教育专家通过调查研究发现，孩子长期的注意力不集中、好动不安、上课不专心、爱做小动作，是感统综合能力失调的一种表现。孩子容易惹生非，他们在成长的过程中，更容易给家长添麻烦，甚至出现打架、逃学、早恋等问题孩子。

2.学习成绩差

作为父母，我们都希望自己的孩子能成才，希望他们考入好的学校，希望他们能在未来社会中有所成就，但其实，孩子的智力不是天生的，根据国外的一项研究报告证实：98%的孩子智商都是差不多的，只有1%的孩子是天才，也只有1%的孩子是弱智。那为何在100个孩子当中，成绩悬殊那么大呢？最主要的原因就是注意力不集中，无法持续地学习与做事。

在孩子的学习成长过程中，专注力是直通心灵的门户，门开得越大，孩子学到的东西就越多。专注力同时还是最重要的发展因素，是记忆力、想象力、思维力、观察力的准备状态。

专注力的高低更是直接影响着孩子学习成长的状态程度。

3.自制力不足

自制力不足会引发各种问题，比如，语言和行为上的问题，语言和行为有冲动性，甚至会表现出攻击性，一旦感受到来自外界的压力，这些行为问题会更严重；上课时总爱做各种小动作，比如，玩笔、玩橡皮、玩课本、撕书等，容易导致课堂上违规、违纪等情形；容易被众多新鲜的刺激所吸引，抗诱惑和干扰的能力差；往往无法遵守规范和指令，难以适应集体生活和社会。

4.自理能力不足

注意力不集中的孩子无法胜任那些有目标的活动，自立能力也就差，他们不会做家务、作业等；自我整理、打理能力差，房间常有脏乱现象；缺乏组织能力，无法做好整理、整顿的工作；也有一些孩子看似身体发育正常且肌肉能力较好，但是在语言能力、画图、使用剪刀等要求协调性的活动中就无法胜任；并且，即便是玩耍，他们也会因注意力不集中而粗心大意，容易在运动和生活中受伤。

5.不自信，成功面前望而却步

这些注意力不集中的孩子在较重的学习要求和压力下很难胜任，因此，经常感到压力大，而且缺乏自信，更别说去主动竞争了。另外，任务完成得不好，考试成绩差，得到的都是家长和老师的责骂，久而久之，孩子的自信心就会受到伤害。很多孩子一自卑就更加完成不好任务，往往还没做事，就会出现悲观、失望、胆小、怯懦等现象。同时，自信心不够强，又会引起各种问题与行为，进而感到被孤立；最终因长期的环境不适应与经历挫折，严重缺乏自信心，成长发展彻底失衡。

而那些能集中注意力的孩子，他们不仅能在学习成长上取得比其他孩子更快的进步，长大后进入社会更是能通过专注而在工作领域获得很大的成就。所以说，专注力的高低不仅影响着孩子学习成长的状态程度，更是直接塑造了孩子以后的人生。

6.人际关系紧张

也许你会感到诧异：注意力不集中与人际关系也有关系？没错！

经过调查研究发现，那些注意力不集中的孩子，同样也有这样一些问题，比如，经常冲动任性，情绪不稳定，不愿意与人分享和共享物品，容易与同学发生冲突，经常搞小动作，经常打断别人谈话，不愿意听父母或老师的话，忽视别人感受，致使人缘不佳。人际关系的失衡往往会影响到孩子的情绪健康和人格健康，处理不当，甚至产生严重的心理问题。

可以看到，专注力过低是会对孩子的健康成长带来很严重的危害的。

不过，专注力的高低并非天生不变的。有些孩子一开始表现出很高专注力，但平时总是受到父母无意的干扰，那么在他长大后专注力极有可能很低。有些孩子即使从小缺乏专注力，但只要自觉有意识地去培养，是绝对可以提高的。这其中的关键是，要准确把握孩子的专注力水平的基础上，采取科学针对的专业指导培养，这样才能快速有效地提高孩子的专注力。

不同年龄段儿童的注意力时间长度不同——孩子的注意力发展的规律

很多父母一提到孩子注意力不集中的问题，不是长吁短叹就是暴跳如雷。其实，孩子的注意力发展是有它自己的规律的，不同年龄段儿童的注意时间本就不同。

1～3个月的孩子：注意力特点具有选择性，对于颜色鲜艳的物品或者闪闪发亮的东西，会注视或者发出咿咿呀呀的声音。

3～6个月的孩子：对于自己喜欢的玩具或者物品，会通过注视来表达自己的喜欢，并希望用这种方式来获得，同时试图通过制造声音、笑、眼神或使用肢体语言引起他人的注意。

6～9个月的孩子：他的眼神能“锁定”自己想要交流的另外一个人，也能跟随他人的眼光方向转移自己注意力，能看别人正在看的东西。通过指、好奇地看、声音的变调或词语引起照料者的注意，并以此方式获取信息或物品。

9～12个月的孩子：随着活动能力的增强，注意力已不完全集中在视觉方面，而是从更多感觉通道和活动中表现出来，如更多表现在抓取、吸吮、倾听、操作和运动选择上。

1～3岁的孩子：语言能力得到发展，语言活动支配他们的注意选择，他们可以将注意力集中在成人用语言表达的对象上，如集中听故事、看书和电视活动上。而且，随着年龄的增长，幼儿的注意力可逐渐明确。

4～6岁的孩子：开始从无意注意到有意注意迅速发展，孩子能听故事能回答问题；讲故事能模仿动作，能保持注意和记忆。

6～8岁的孩子：注意力的特点为有意注意最高保持25分钟。

9～12岁的孩子：注意力的特点为注意的计划性明显提高，注意力训练的黄金期已过，这一时期注意力好，思维理解好，才能学习好。

随着孩子的成长，其注意的事物会逐渐增多，看的范围更广，自然环境中的一些事物都会引起他们的注意，不仅是兴趣物，还有人、活动等不同性质的刺激物。同时看的时间也随之延长，同时产生探索行为和注意。

普通儿童在注意事物上具备注意事物多重特征的特点，即他们在大部分的时间所观察到的事物都具备多重信号和属性。

当他们看到一个物品时，不只是看到了物品的大体外形和喜欢的某一个部分，还注意到了其具体的形状、颜色、声音、组成部分、材质、使用的多重功能等事物的多面性。而这些事物的多面性在生活的过程中都已通过这种多重性的注意所获取，因此随着年龄的增长，他们所掌握的多重信息也就越来越丰富。

例如，当我们给孩子买了一个娃娃时，孩子首先看到的可能是娃娃的整体外形，与此同时，孩子还注意到的是娃娃的颜色、大小，是否有发光，是否有声音等。当孩子下次看到这个玩具时，他就可以与之相比较，在比较的过程中又一次获取更多新的信息。

那么，我们要如何遵循孩子注意力发展的规律呢？

1.萌芽期（3岁）

在这一阶段，我们要让孩子在感知和触摸中学习，以此培养孩子的注意力。

2.关键期（5岁）

这是孩子有意注意迅速发展的关键期，在这一阶段可以对孩子进行注意力的启蒙训练，培养孩子良好的注意力习惯，比如，可以为孩子买涂色书，培养孩子专注静心的能力。

3.黄金期（6~8岁）

专家指出，孩子在小学二年级时是注意力训练的黄金时期，也是习惯养成的重要时期。在这一阶段，孩子的学习课程并不难，只要学好简单的听说读写及运算就能取得好成绩，并且，学习任务也并不繁重，但前提是要有的注意力，做到学习认真专注，因而一定要注意孩子视听注意、习惯的培养。

总之，孩子的注意力发展有其自身的一定的规律，并且，还有另外一些因素，比如，孩子的大脑发育、成长环境、家长影响等都对孩子注意力产生影响。因此，想要改变孩子注意力不集中的问题，提高孩子的注意力，家长们一定要克服粗暴、焦虑的心态，要认识到合理要求孩子的重要性，寻找适合孩子的方法，循序渐进，持之以恒。

第02章 左顾右盼，为什么你的孩子总是注意力不集中

孩子总是无法集中注意力，大概是很多父母苦恼的问题，因为孩子无法集中注意力，最直接的就是孩子学习能力差，学习效率低，并且还会影响孩子的学习积极性和自信。但在帮助孩子解决这一问题之前，我们先要了解他注意力不集中背后的真正原因，只有这样，才能根据实际情况采取有针对性的措施和具体的训练方案。

为什么没办法静下来——三大原因导致孩子注意力差

作为父母，我们都知道，自制力对于人的影响特别大，无论是成人还是孩子，注意力不集中，对于我们的生活还是学习都有严重的负面影响。作为父母，我们也希望自己的孩子认真专注，但却经常因为他们注意力不集中而感到焦虑。

丽丽非常喜欢画画，于是丽丽妈在征求了丽丽的意见之后，就给丽丽报了绘画辅导班。没想到她才去了两个星期，就坚持不下去了，每次画画的时候也没有办法静下心来，到最后画画这件事也就不了了之。平常孩子写作业时也是，写着写着就开始玩了起来。

像丽丽的这种情况人很多，在学校里面的时候，经常会走神，或跟别人说小话，或者是手上要玩一些东西，回到家里做作业的时候也很不专注，经常手上不是要玩一个橡皮，就要撕张纸，总之没有看见他按照爸爸妈妈的期望那样很认真地在那边做功课。那么究竟孩子注意力不集中是因为什么原因而造成的呢？我们爸爸妈妈该怎样去解决这样的一个状况呢？

1.身体方面的原因

不少父母认为，孩子注意力不集中是调皮，是故意与父母作对等原因，但其实，这是一个错误的概念观念。对于年幼的孩子来说，他们神经发育不完善或者感觉统合能力失调，都会造成孩子爱动和坐不住的毛病，也就是说，他们主观上面并不想动，只是会不自觉地想要动来动去。

对于这种情况，我们要充分地给孩子时间，帮助孩子训练身体各方面的机能，对此，作为父母，即使再忙碌，我们也要抽出一定的时间多陪伴孩子，一起多做一些相关的运动和训练，并且在运动项目的选择上也是有技巧的。建议做有肢体伸展运动的体育项目。比如，打乒乓球，这一运动能很好地训练孩子的注意力。如果你的孩子有注意力不集中的倾向，那么，你可以每天抽出15分钟的时间陪孩子打乒乓球，坚持3~6个月的时间，相信孩子的专注力会有很好的改善。

2.和孩子的精力与情绪有关

家长可以注意到，如果孩子休息的时间不充足，在晚上赶作业的时候，身体已经相当疲惫了，精神力自然而然不能集中。

另外当孩子情绪不好的时候，因为情绪波动的原因，内心会更加无法集中注意力去做一件事情。

3.和外界的干扰有关

其实，每一个孩子天生的注意力都是很不错的，但是如果家长们在日常生活中经常做一些打扰孩子的事情，就会导致孩子无法集中注意力做自己喜欢做的事情。

例如，孩子在周末的时候十分专注地在书桌前画画，但是奶奶担心孩子太长时间做一件事情会感受到眼睛以及身体的疲惫，于是就会出现孩子正在画画的时候，奶奶经常在书桌前徘徊："孩子休息一会儿吧，先吃一点水果""孩子这是奶奶温好的牛奶，先喝一点牛奶补充体力吧""孩子，这是奶奶刚刚买好的点心，先吃一会儿再画吧"……而孩子在一次又一次抗议无效之后，终于妥协，听从奶奶的建议吃一些水果、喝一些牛奶。但是在做完这一切之后，却无法再提起精力进行画画了。

4.孩子有多动症

多动症又被称为注意力缺陷多动症（ADHD），如果适用在孩子身上的话主要表现的情况就是在学业上注意力不容易集中，或者注意力能够集中，但是时间很短，并且容易情绪波动大、没有耐心，生活中也会比其他孩子更加好动等。

如果孩子特别调皮捣蛋，一刻也不能停下来。那么很有可能是因为多动症的情况，因为很多时候孩子因为年龄过小，无法控制自己好动的情况，所以就很容易因为多动症的原因，而在学习时无法做到注意力集中，在学校无法和其他人和平共处，学习成绩低下等。

有些家长认为孩子的年龄还小，即使调皮捣蛋一些也是正常的情况，不应该限制孩子的活泼好动，即使孩子注意力不集中也无所谓，等孩子大一些再进行适当的引导，进行纠正就可以了。

但是这些家长们可能没有考虑到，如果习惯一旦养成，如果发展到严重的程度，演变成为“注意力缺陷障碍”，就需要进行专业的治疗了。俄罗斯教育家乌申斯基曾指出：“注意力是我们心灵的唯一门户，意识中的一切，必然都要经过它才能进来。”

注意力是几乎每个人都应该具备的基本能力，而家长更应该从孩子小的时候就进行培养，因为每一个人都需要一定的专注能力，才能够更好地更高效率地做一件事情。

如果孩子一直无法做到注意力集中的话，也会给孩子带来很多的危害，这一点我们在前面的章节中也分析过。因此，无论如何，我们父母都要引起重视，尽早干预和影响，以帮助孩子尽快调整。

我想要别人的关注——“走神”的心理成因

上课爱走神，常常东张西望，爱做小动作；写作业拖拉，常常边写边玩；做事三心二意，常常被周围的声音或事物吸引……我们知道，这是孩子注意力差的一些典型表现，对此，在前面，我们也已经分析出原因。不过有时候，孩子之所以无法集中注意力，是他的心理在作祟，也就是说孩子注意力不集中也有心理方面的原因。

一般来说，孩子注意力不集中的心理原因可以分为以下几种情况。

1.为了引起他人的关注

小晟的爸爸在异城工作，很少回来，小晟由妈妈一个人带，妈妈工作也很忙，平时除了要上班，还要照顾他的生活起居以及学习，很少有时间陪小晟学习和玩。

小晟为了引起妈妈的关注，无论在什么场合，他都无法安静下来，一会儿动动这个，一会儿玩玩那个，即便是在家的时候也不能消停，总是会漫无目的地乱跑；吃饭的时候，他会一边吃饭，一边玩玩具；做事情的时候，他会一边做，一边观察妈妈的行动，要是发现妈妈突然起身去做其他事情了，他就会跟过去，一探究竟……

这里，小晟之所以无法集中注意力，是因为他想通过这种方式来引起妈妈的关注，当他发现这种方法有效时，就会不断制造“麻烦”。如此一来，他的注意力就更无法集中了。

事实上，每个孩子都希望得到父母的关心，这是他们的心理需求，不仅如此，到了一定年纪的孩子，更希望得到来自周围其他很多人的关注，这是他们的意识发展到一定阶段的必然结果。如果孩子因为某些原因而常常受人冷落，或者是父母很少关注他，他们就会通过这种制造麻烦的方式来获得关注。

对于这种情况，一方面我们要多关注孩子的心理需求，在平日里多关心他，多陪在他身边，对于一些工作很忙的父母，也要尽量抽时间和孩子多聊天，多与孩子相处，只要他的需求得到了满足，他的这种表现就会减弱。另一方面，我们不要在孩子“捣乱”时过分关注，他们很容易因为你的关注而“得寸进尺”，而要引导他认识到“拥有好行为，才能真正获得他人的关注”，同时我们要及时肯定和鼓励孩子专心学习、做事的表现。

2.有“完美主义”的倾向

琪琪是个很认真的孩子，凡事都要做到最好，学习上也是如此。一开始，琪琪妈妈觉得这样很好，但不久，负面影响就浮现出来了。就拿写作业来说吧，琪琪写作业很认真，不允许把字写得歪歪扭扭的，更不允许有错别字，如果写得不好或写错了字，她就会用橡皮拼命地擦，一定要看不出来了才行，如果看出痕迹，她就会把整页纸都撕掉。然而当她越想做到最好时，就越容易出错，最终导致的结果就是无法集中注意力。

很多孩子可能都像琪琪一样，具有“完美主义”的倾向。当他们表现出色时，自我感觉就好；当他们犯错时，情绪就会很低落，进而影响做事或学习时的注意力。

对此，我们首先不要追求尽善尽美，给孩子定的标准不要太高、太完美，更不要一味地批评他做得不完美的地方，而是要让他客观地看待自己的优缺点；帮助孩子重新树立评价自己的标准，教会他肯定自己、欣赏自己、激励自己。

3.太在意别人对自己的看法

一段时间，小小妈妈陪着女儿去上英语班。她发现，女儿总是不能集中注意力听课，有时候还会回头看看她。这种情况持续了一段时间之后，她问女儿是怎么回事。小小告诉她，原来她希望得到妈妈的关注，看看妈妈对她的表现是否满意。

这种情况在很多孩子身上的确都会存在，有的孩子很在意妈妈、老师或其他长辈对自己的看法，所以经常是一边写作业或做事，一边抬头看看他们眼中是否流露出满意的眼神，如果是孩子就会非常高兴；如果不是孩子就会很失望，并开始担心自己是否哪里做错了，注意力自然也就无法集中在某一件事情上了。

所以我们要先调整孩子的心态，不要让他太在意别人对自己的看法，而是要提醒他“只要尽心尽力做好自己该做的一切就足够了”，我们也可以引导孩子明白太在意别人对自己的看法的不良后果，比如，因为太在意而无法集中注意力，自然就不会把该做的事情做好，那么别人对他看法自然就不会那么满意。当孩子明白了这些之后，相信他就会调整自己的心态，把注意力放在正在做的事情上。

总之，当孩子出现注意力不集中的情况时我们首先要观察影响他注意力的原因是什么，从而引导沟通让孩子有一个正确的态度或处事方法，从而提升孩子的注意力。

缺乏自律性——没有形成好的专注的习惯

作为家长，我们都应该深知，专注是一种良好的助人成功的品质，而注意力不集中是很多孩子学习成绩不好、生活习惯不好的重要原因。孩子注意力不集中的原因，前面我们已经分析了很多种，我们不得不说，任何好的行为习惯是长期积累的结果，而不好的行为习惯也是，包括注意力不集中。相反，我们发现，任何一个学习成绩优异的孩子，无不具有专注认真的学习习惯。

在刚过去的这一学期的期末考试中，小凯总成绩全校第一，他的妈妈很开心，她说：“小凯能够取得这样的好成绩与他的踏实认真有很大的关系”。

小凯是个非常明事理的孩子。他的爱好很少，因为他专注于学习，所以能够取得好成绩。此外，在生活上小凯也非常自立，而且非常懂得关心周围的人。

“好学生也会有问题。比如，小凯喜欢看书，他的思想显得要比其他孩子成熟，所以，有时候与人相处时他会表现得居高临下，我注意到这个细节，曾经找他谈心，后来，小凯多了很多的好朋友。他唯一的爱好就是练书法，每次他写字的时候，我们从来不打扰他，这让他从上中学开始就养成了做事专注的习惯。这次他考出好成绩，我为他高兴。”

这里，我们看出，小凯之所以能取得好成绩，其中一个重要的原因就是——学习专注。托马斯·爱迪生曾说过：“成功中天分所占的比例不过只有1%，剩下的99%都是勤奋和汗水。”对于任何一个孩子来说，在未来社会，他们必须专心致志于一行一业，不腻烦、不焦躁，埋头苦干，不屈服于任何困难，坚持不懈；并且，只有坚持这样做，他们才能造就优秀的人格，而专注的这种品格必须从小培养，从日常的生活和学习中培养。

然而，注意力不集中是很多孩子都有的小毛病，很多家长也为此非常着急担心，想方设法地提高孩子的注意力。其实孩子注意力不集中，对于以后的生活和学习以及工作都有比较大的影响，所以父母应该重视起来。

对于学习阶段的孩子来说，他们最主要的任务是学习，而学习并不是一件轻松的事，浮躁心态是学习的大敌，是学习失败者的亲密朋友。因此，在学习上，要想提高他们的成绩，我们父母就必须训练他们专注的学习习惯。具体来说，我们可以这样做：

1.为孩子树立一个学习榜样

比如，爱迪生就是一个专注做事的代表。

他曾经长时间专注于一项发明。对此，一位记者不解地问：“爱迪生先生，到目前为止，你已经失败了一万次了，您是怎么想的？”

爱迪生回答说：“年轻人，我不得不更正一下你的观点，我并不是失败了一万次，而是发现了一万种行不通的方法。”

在发明电灯时，爱迪生尝试了一万四千次种方法，尽管这些方法一直行不通，但他没有放弃，而是一直做下去，直到发现了一种可行的方法为止。他证实了大射手与小射手之间的唯一差别：大射手只是一位继续射击的小射手。

2.协助孩子学会拟定做事计划

你可以告诉他，无论是学习还是其他事情，都不要把注意力过分放在整件事情上，而应该先拟定一个切实可行的计划，并努力做好第一步，而后再努力做好第二步，第三步……如此各个击破，最终达到自己的目标。

3.告诉他不要同时做两件及以上的事

可能你也发现，你的孩子，无论是不是在学习，都把电视开着，或者边玩游戏边学习。试想，这样怎么能聚精会神呢？这样自然不能集中精力去学习，久而久之，便养成了一心二用的坏习惯。

为此，你必须帮他克服这一缺点，做习题时就专心做习题，玩游戏时就痛快玩游戏，经过一段时间，你会发现，他无论做什么事，都专注多了，而最重要的是，效率也提高了很多。

总之，专注、认真是任何人要做好一件事情的前提，如果对什么事情都敷衍了事，草草出兵，草草收兵，必然做不好。然而认真、专注还是一种习惯，要养成专注于学习的习惯，还需要身为父母的我们帮助孩子在平日里培养。

时间还早呢——没有形成正确的时间观念

“现在的孩子知识面广，脑子灵，就是有点调皮，无法集中注意力学习”，可能很多家长都这么评价孩子。而孩子们注意力不集中的最大的表现就是时间观念比较差，他们之所以注意力不集中、学习不专注，就是因为他们总认为自己还有大把的时间，长此以往，他们会形成一种拖延、不守时的坏习惯，对于孩子的成长是极为不利的，因此我们若不希望自己的孩子成为小小懒虫，小磨蹭，明智的做法就是培养孩子良好的时间观念。

“东东，去做作业吧，你都看了半天电视了。”妈妈一边刷碗，一边叫正在看电视的东东回房间做作业。

“等会儿，再看完这集，我就去。”

“你刚才都这么说，再不去，你今天的作业估计都做不完了。”

“哎呀，妈妈，你真啰嗦。”

“过来一下，东东，妈妈觉得有必要告诉你管理时间的重要性了。”

的确，任何人，只有在自己的时间被充分利用而不被浪费的情况下，生活才是充实的，做事才是有效率的。

对于任何一个孩子来说，时间都是尤为珍贵的。一寸光阴一寸金，寸金难买寸光阴，任何知识的获得，都要花费时间。

因此，我们要告诉孩子，要正确地认识时间的作用，不要荒废了大好的青春，要把时间观念，当成追求成功成才路上必须培养的品质之一。

事实上，不重视时间是所有人尤其是孩子在学习乃至生活中的大敌。而养成守时、有序、高效的好习惯，是孩子一生受用不尽的财富。从人生成功的角度讲，统筹规划的意识和能力是一个要做大事的人取得成功所必须具备的一项重要素质，而这种素质只能在从小就习惯制订具体的学习计划并严格执行的实践中才能培养形成。

那么，作为父母，我们该如何培养孩子的时间观念呢？

1.从生活中入手，培养孩子的时间意识

从小培养孩子的时间意识，懂得珍惜时间，学会管理时间，让孩子成为时间的真正主人，对孩子的成长可谓大有裨益。

培养孩子良好的时间意识，可以从生活细节着手。你可以让孩子在日常生活中，通过睡觉、吃饭等各种活动，利用生物性节奏，培养良好的生活节律。如可以为孩子制订一份家庭作息表，纠正孩子不守时毛病，如早晨6点半起床，7点半准时出门……晚上8点前上床睡觉，保证孩子晚上有10个小时的睡眠时间并持之以恒，逐渐培养一种守时惜时的习惯，那么孩子的时间意识、时间观念的培养是水到渠成的事情。

2.告诉孩子珍惜学习时间

学习知识的过程是本身就是一个“领会—巩固—应用”

的过程，在这个过程中，听课就是领会的过程，不能领会就谈不上巩固和应用，就必须“重新学习”，白白浪费不应该浪费的时间，而且往往事倍功半。这种学习我们认为是“拣了芝麻丢了西瓜”。这种情况的出现，很多时候是因为孩子还没有认识到课堂时间的宝贵。他们可能会错误地认为课上不上都不一样，课后或课下可以自学。对于这种观念，我们家长要逐步予以纠正。

另外，还有一些孩子虽然形成了认真听课的习惯，但不重视自习课的时间。自习课看小说、玩耍，这样的习惯干扰了对知识的巩固过程。对知识的巩固必须及时，趁热打铁，否则就会迅速大量地忘掉。还有的孩子珍惜上课、自习课时间，却浪费课余、课外时间，不重视知识的应用。知识的应用有课业练习、社会实践等。由于许多课余时间被浪费掉，课业练习达不到熟练的程度，也没能将所学的知识应用于实际生活中。这样的学习兴趣不浓，上进心不强，学习成绩依旧得不到提高。

3.让孩子懂得休息

学生的主要任务就是学习，这无可厚非，但同样也是长身体的时候，也要注意休息。比如，你可以告诉孩子，在学习疲劳之前休息片刻，既避免了因过度疲劳导致的超时休息，又可使自己始终保持较好的学习状态，从而大大提高学习效率。

4.让孩子遵守约定时间，做可信任的朋友

在与人交往的过程中，时间观念不明的孩子也面临“信用缺失”。久而久之，同学和朋友对动辄迟到、缺席的他有批评、有疏远，认为他讲话不算数，不守信用，这将严重阻碍孩子“外交活动”的正常进行。

我就是不想学习——不喜欢，没兴趣

作为父母，我们都知道，兴趣是最好的老师，感兴趣的事物会提高孩子的注意力，在学习中同样也是如此。孩子缺乏学习兴趣，导致他们在课堂上东张西望、小动作不断、打扰其他同学，在家中学习更是容易被分散注意力，而对于孩子这样的表现，我们要从根本上改善，还要激发孩子的学习兴趣。

班上的问题学生刘涛的父母从国外回来了，班主任老师将他们请到了学校，因为刘涛的问题实在太多了。上课不认真听讲、不遵守纪律，总是捣乱，而且成绩一直在下滑，甚至都开始倒数了。

对于班主任老师说的这些问题，刘涛的妈妈说：“我们在孩子很小的时候就出国了，把他丢给了爷爷奶奶，爷爷奶奶对于他关怀备至，让他衣食无忧，我们每次问他学习的问题，他总说自己没兴趣。”

“是啊，孩子没学习兴趣，怎么可能会集中注意力学习呢？看来你们父母要和学校一起努力解决这一问题。”

案例中的学生刘涛之所以学习成绩下降，是由于失去了学习的动力，找不到学习的乐趣和动机。

的确，作为父母，我们都希望孩子能把握好大好的学习时光认真学习，面对孩子在学习中的注意力不集中的问题，不少父母粗暴地认为这是孩子贪玩和不听话的表现，却忽略了孩子可能真的是对学习没兴趣，并且，他们每天都要周而复始的学习，很容易产生心理上的“变异”。一般表现在三个方面：

第一，不认真上课，注意力不集，思维涣散，或者打磕睡，或者做小动作，严重的还会干扰其他同学听课。

第二，课下不愿意自主学习或者根本就不学习，对于老师布置的作业或者练习，也是草草了事或者根本就不予理睬。对考试、测验无所谓，只勾几道选择题应付了事，既不管耕耘，更不管收获。

第三，逃学，这是厌学的最突出表现，也是最严重的表现。这些学生总是找理由旷课，然后，外出闲逛，玩游戏等。严重者，甚至跌到少年犯罪的泥坑。

毕竟，每个人做任何事都是有目的的，如果孩子没有学习目的，也就没有学习的动力了。一般来说，孩子除了学习外，都有自己的兴趣和爱好，作为家长的，如果能正视孩子的这些兴趣并加以鼓励，并利用这种兴趣引导孩子明确学习的目的。那么，孩子就可能热衷于学习了。

对此，教育心理学家建议我们这样做：

1.挖掘孩子的兴趣

可能很多家长认为，孩子好像除了厌恶学习以外，他对什么都感兴趣，其实，这是一个普遍现象。曾经有一个调查：一方面50个孩子中只有4个没有过对学习的厌烦情绪，另一方面孩子的兴趣丰富多彩。

另外，还有一个调查问题是如果可以不按学校的课表上课，请孩子们自己给自己开一个课程表，而结果：

（1）第一节课是欧美音乐，第二节是电影，第三节是异国风情，第四节是英语。

（2）希望全天的物理、化学。

（3）希望第一节课是自学，第二节课是体育，第三节课是英语，第四节课是班会……

从这一调查中，可以发现，孩子们对于那些文化知识，似乎都存在一定程度的厌烦情绪，为此，父母要在日常生活中多观察，发现孩子感兴趣的事物，从而引导其确定学习目的。在培养孩子的兴趣中，要给孩子一个机会，让他自己去品味，真正找到一种成就感，他可能就有兴致了。

2.把孩子的兴趣和学习联系起来

比如，家长可以这样问："你为什么对电脑游戏这么感兴趣呢？"

"因为我想当个游戏的开发人员啊。"

"真没想到你有这样大的抱负，但游戏开发不是一个很简单的行业，一般人是进不了这个行业的。”

“那爸爸，您觉得怎样才能进入这个行业呢？”

“只有进入高等学府去深造，掌握大量的科学知识，在前人技术的基础上有所创造。”

当孩子听完这些后，就会有一种想法：“我必须考上大学，然后在这个领域深造，才能进入这一行业。”这样，孩子就会真正明白，他应该去好好学习了。

而在这一过程中，整个交谈氛围是很和谐的，也使得亲子之间的感情在一点点升温，孩子对父母既感激又崇拜。

3.培养孩子坚持不懈、独立进取的个性

孩子的学习目的与独立进取的个性是密不可分的，个性是独立进取还是被动退缩与动机水平关系密切。如果你的孩子生性懦弱且不思进取，缺乏上进心且抱负水平低，只能使学习处于被动状态，甚至恶性循环，那么，也就很难树立一个水平相当的学习目的。如果孩子懂得学习的重要性，懂得积极进取，那么，家长在帮助其产生学习目的的同时，也会省心很多。

同时，当父母肯定了孩子的兴趣，引导孩子产生了明确的学习目的后，要经常给孩子敲个警钟：“你要想成为游戏开发员的话，就不能这么浪费时间不学习哦！”在父母的督促下，孩子会逐渐养成坚持不懈的个性，在学习时，也会更有动力。

第03章 环境影响专注力，为孩子营造良好的生活和学习氛围

作为父母，我们都知道，环境对人的影响很大，瑞典教育家爱伦·凯曾经指出，良好的环境是孩子形成正确思想与优秀人格的基础。同样，我们若要培养孩子良好的注意力，成为一个专注的人，环境也起着非常重要的作用。要为孩子创造一个利于专注的环境，让他的注意力能在环境的熏陶下得到大幅的提升。

吵吵闹闹怎么学习——给孩子创造整洁温馨的家庭环境

作为父母，我们都希望孩子能成才，能取得好成绩，于是，我们尽自己最大能力让孩子上最好的学校，给孩子请最好的辅导老师，但孩子依然无法集中注意力学习，为此，不少家长气急败坏，认为孩子太不听话了，但其实，我们是否反思过，自己为孩子创造出好的家庭环境了么？

现在，我们来回想下，当你和其他朋友在家开聚会、打麻将时，你是否对孩子说过："你回房间学习，不要出来！"当你和爱人吵架时，孩子是否怯懦地站在一边，不敢说话？你是否经常访问很多亲戚、朋友？试问，这样吵闹的而环境，孩子如何集中注意力学习？想必即便是我们成人，也很难做到吧！

教育专家建议，作为父母，要给孩子创造整洁温馨的家庭环境，这对孩子注意力的训练和培养非常重要，那么，具体来说，我们该怎么做呢？

1.打造一个专门的学习场所

在有条件的情况下，为孩子准备一个专门的房间让孩子安心学习。房间要整洁、明亮，不需要繁复的装饰，布置简洁舒适即可。电脑和电视不要放在孩子的房间里，玩具收起来放到柜子或箱子里，以免在孩子学习的时候分散注意力。没有条件的情况下，也最好为孩子准备一个学习角，安置书桌和椅子，让孩子有一个安心学习的地方。

2.营造一个安静的不受干扰的学习环境

家长要为孩子准备一个安静的不受干扰的学习环境，让孩子能全神贯注地学习。在孩子学习的时候，家长要监督孩子远离电脑、电视机、手机和玩具等会分散孩子注意力的东西，不要让孩子一边学习一边做其他事。另外，孩子学习的时候，家长也要克制一些，不要在家里看电视，打麻将，大声谈笑，以免嘈杂的声音干扰孩子，让孩子难以静下心学习。所以，家长在孩子学习的时候，要尽量为孩子排除一切干扰孩子学习的因素。

3.营造一个勤学上进的学习氛围

父母是孩子第一任也是最好的老师，父母的一言一行对孩子的影响是很大的。家长勤奋好学，在工作之余也不忘读书学习，刻苦钻研，不断地充实自己，不仅能为孩子树立一个热爱学习的好榜样，也在无形中传达一个暗示：学习是一件很重要的事情。在这样潜移默化的影响下，孩子会在不知不觉中提高对学习的兴趣，自觉地加入父母的行列，一起努力学习。因此，父母要以身作则，率先学习，在家中营造爱学习的氛围，成为孩子学习的榜样。

4.营造一个温馨和睦、和谐的家庭环境

温馨和睦、和谐的家庭有利于孩子的身心健康成长，能给孩子足够的安全感，让孩子心无旁骛地投入到学习中去，因此，父母要努力为孩子构建一个温暖、和谐的家庭环境。夫妻之间要相互尊重，相互理解，即便发生矛盾也不要当着孩子的面争吵，以免让孩子因此感到焦虑和不安。父母要多和孩子沟通，尊重孩子，让孩子亲近和信赖，成为孩子最好的朋友，孩子遇到学习上的难题，也愿意向父母倾诉，和父母一起寻求解决的办法。

5.不要给孩子施加压力，告诉孩子只要尽力就行

作为家长，我们不要硬性地给孩子制定一个分数目标并让孩子去完成，应让孩子在一种良好的心态下学习。

一个学生说："每次考试前，我爸爸都会告诉我'不要太在意考试结果，只要你尽力了就行'我心里一下子踏实了，像吃了'定心丸'一样，学习效率也明显提高。"可见家长对孩子的期望值不要太高。

6.适当监督，不可唠叨

家长的唠叨是每一个孩子最惧怕的。作为家长，我们都希望孩子好，我们说出来的话，孩子们都懂，但他们更需要安静和理解。

家长要对孩子监督，但说话要少而精，要有分量，不要一句话说多次，否则孩子就会反感。

不得不说，环境对人的影响是很大的，良好的学习环境能起到激励孩子努力学习，促进孩子身心健康成长的作用。家长要为孩子构建一个良好的学习环境，让孩子全神贯注地学习和思考。

我想要这样布置房间——在孩子房间营造学习氛围

作为父母，我们都知道，父母是孩子的第一任老师，而家庭是孩子的第一所学校，也是孩子生活和学习时间最长的场所，而为孩子营造一个良好的学习氛围，是有助于孩子集中注意力学习的，为此，很多父母都开始关注这一问题。

七岁的玲玲马上就要上一年级了，是一名名副其实的小学生了，开学前，妈妈为玲玲买了很多文具和学习用品，有书包、笔袋、铅笔、橡皮等。

不仅如此，妈妈也精心为玲玲布置了一个她自己的学习空间，在房间内添置了一个粉红色的书桌和书柜，书柜里还摆放了她平时最爱看的童话书、科普一类的书籍，以及字典等工具书。书桌上放了一盏护眼台灯和诸如书立、文件夹等学习用品。

玲玲进房间以后很开心，在这之前，这个房间全部是洋娃娃，而且一进去就想玩，玩累了就躺在床上睡觉，可是现在这个房间很适合学习。玲玲对这个新房间也感到很满意。

和案例中的玲玲妈一样，我们很多家长已经认识到为孩子布置一个适合学习的房间的重要性，的确，在很多家庭内，孩子的学习和休息是在一个房间进行的，如果房间脏乱不堪，或者光线很暗，都是不利于孩子学习的，因此，对于孩子的房间的布置，我们一定要予以足够的重视。下面是几点给我们家长的建议：

1.为孩子提供一个固定的学习场所

每个孩子在学校，老师都会为他们安排固定的课桌和座位，而到了座位上，自然就是学习，同样，我们在家里，也要为孩子安排一个固定的学习场所。这样，能对孩子起到一个积极的暗示作用，当孩子一进入这个场所，就会自觉地学习。

2.尽量为孩子提供一个书房

因此，如果有条件的话，我们不妨单独为孩子安排一个房间，作为他的书房。如果条件不允许，我们可以在他的卧室摆放好书桌和书柜，给他营造一个井然有序的学习环境。

3.给孩子创设一个整洁的学习环境

一项研究表明，干净整洁的环境有利于激发孩子的学习兴趣，增强他的记忆效果，从而提高他的学习效率。因此，我们一定要给孩子提供一个干净整洁的房间让他专心地学习。一般情况下，我们可以利用周末的时间，组织孩子和我们一起大扫除，鼓励他亲自清扫自己的房间，收拾书桌，以保证营造一个整洁的学习环境。

4.房间的布置要问询孩子的意见

在一个家庭内，孩子的房间是他独处的空间，是属于他自己的一片小天地，如果我们在布置房间时候能问询孩子的意见，他一定感受到来自父母的尊重。

有一位妈妈，她在装修新家的时候，尤其是在为女儿装修房间时，全程都问询女儿的意见，包括从墙壁的颜色到家具的选购，再到房间的整体布置。至于生活用品和学习用品的摆放，女儿也是在妈妈的指导下，亲自动手整理的。所以对于这个房间，女儿非常喜爱，尤其当坐在自己亲自挑选的书桌前学习的时候，很有一种成就感，学习兴趣也非常高。

除了感受到来自父母的尊重，孩子对于自己亲自参与布置的房间，会不自觉地有一种独特的感情。当他身在其中学习的时候，更能体会到一种温馨的感觉，也就很容易专心地投入学习中了。因此，在布置孩子的学习环境的时候，我们也要尊重他的意见，听听他的想法。

5.布置房间时为孩子挑选合适的家具

一般来说，在孩子的房间内会摆放书柜、书桌、座椅等家具，在选择这些家具的时候，一些父母可能比较随意，如买贵的就好，或者一些父母认为，孩子学习的书桌，能用就行，哪有什么讲究。事实上，家具的选择也是一门学问，而这恰恰会影响孩子学习的积极性。

比如，对于0~6岁的孩子，我们要特别关注家具的颜色和造型，只要是颜色活泼或者有趣的形状搭配就能激发出他的学习兴趣，像市面上销售的电脑喷漆和拼色卡通家具都是不错的选择。

对于6岁以上的孩子，我们在选择家具的时候就要注重功能性，颜色最好趋近于中性颜色，比如，橙色、黄色、绿色等，当然也要尊重孩子的意见。

此外，因为孩子正处于生长发育期，骨骼和脊柱还没有发育完全，所以座椅的椅面不要太软，桌子和椅子的高度也要调到一个合适的比例。另外，考虑到孩子正在成长，我们为孩子选择的桌子和椅子最好是可调节的。

总的来说，作为父母，我们不仅要督促孩子努力学习，更要和孩子一起努力营造一个好的学习氛围，其中尤其是对于孩子房间的布置，更要引起重视。

别总是来打扰我——孩子学习时，减少干扰和刺激

我们都知道，培养孩子的注意力很重要。因为注意力是学习的基础，专注力高的孩子，很容易进入学习状态，也就更容易取得好的成绩。

事实上，注意力是每个孩子与生俱来的能力，然而，家庭

环境、亲子关系和父母的教育方式等都会对孩子的注意力造成影响。我们来看看下面的三个场景：

场景一：孩子学习专注的时候，家长跑过来问："要不要喝水，吃水果？"或者发出声音吸引孩子。

场景二：晚饭时间，爸爸妈妈看电视，孩子抱着手机看视频或玩游戏。

场景三：孩子正在给妈妈讲学校的事情，妈妈嫌他说得慢，打断他帮他说。

其实，这些看似不经意的举动和家庭环境往往容易导致孩子的专注力被打断，以至于孩子后面根本无法集中精力去做一件事情。所以，请家长们不要做破坏者，让孩子从容地做完他投入的工作。

那么，我们该如何在学习时减少对孩子的干扰呢？

1.保证孩子学习环境的安静

喧闹的家庭环境是分散孩子注意力的主要原因。年龄小的孩子本来注意力集中的时间就短，如果要他在父母的唠叨声、电视声、音乐声下做功课，就算他坐在了书桌前，他怎么可能专心地读书呢？所以，孩子学习的时候，一定要努力为他营造一个安静的学习环境。

2.给孩子营造的环境不要有太多刺激

给孩子的环境不要有太多刺激，色彩太跳跃，尽量是比较舒适安静的环境，此外，玩具也不要太多，否则会分散孩子的注意力。告诉他玩完一件放回去再拿一件，或者组合着玩，自己玩的东西自己收好。玩具种类也是有选择性，不要经常买新玩具，能有难度层次性最好。

3.避免对孩子进行有意干扰

很多时候孩子无法集中注意力，都是因为外界造成过多的干扰。所以家长想要培养孩子注意力的时候，最好能够减少一些外界对孩子的干扰。特别是家长要从自身做起，避免在孩子注意力集中的时候对孩子进行干扰。

6岁的丁丁在房间里专心地画画，妈妈一会儿开门进来，拿一样东西，一会儿嘱咐丁丁说："你爸今天又喝了酒，睡下了，记住，你今晚不要去他房间打扰他了。"一会儿帮丁丁把新买的画笔递过去："这是我今天去超市买的，跑了好几家才买到你要的这种呢!"就这样，一幅画丁丁画了一个小时。

父母经常意识不到，孩子做事的时候，需要安静，需要不被打扰。这样的打扰，就是对孩子专心做事的一种破坏。

正确做法是一切的事情，一切的话，等孩子做完了再说。

4.与孩子达成协议，互不干扰

对此，家长要做到，尽量不要经常问孩子学习的问题。其实，很多时候，学习的事让孩子自己去处理，作为父母，我们不要把重心都放在孩子学习上，该干什么干什么，该看电视时照常看电视，该玩时照常玩玩，让孩子觉得父母并不是太看重自己的学习，他们才能放松心情学习。

我们的孩子犹如一株花苗，在一个和谐的家庭中才能健康地成长，才能含苞待放。为了孩子，也为了全家的幸福，父母长辈们也应该随时保持好心情，从而为孩子创造一个良好的成长环境。

越催越没办法集中注意力——催促只能打乱孩子的节奏

作为父母，我们都望子成龙望女成凤，对孩子有着很大的期待，但是在很多方面未免表现得太过焦躁，无论是在面对孩子的学习还是其它事情，我们总是觉得孩子太拖拉，总是不停地催促：快点，快点。一些父母认为催促孩子能让孩子有紧迫感，但殊不知，孩子的注意力正是在不断地催促中被打破了。

孩子转移注意力的能力并不算好，当他专心做一件事时，他就只能做一件事，如果你不停地催促，他的注意力一下子就被打乱了。如此一来，原本在做的事情没做完，注意力又没法立刻转移到新的事情上。

所以，我们不要经常制造“紧张气氛”，别总是催他，要让他在一种安心的环境中集中注意力将一件事踏实做好，才能保证他的注意力更持久一些。

然而，我们经常在很多家庭中听到妈妈们这样的催促声：

“起床！起床！快去洗脸，快去刷牙……”“快点啊，快点啊，不然就来不及了!”有人打趣地说，在中国，所有的妈妈都是一样的。

事实上，一个不可否认的现实是：孩子与大人一样，每日生活在催促之中，快速、高效、忙碌成为最基本和理所当然的生活状态。曾经，在我们孩子牙牙学语和刚学走路时，我们的口头禅是“慢慢走，小心跌跤”“慢慢吃，小心噎着”，现在孩子听到最多的是“快点吃饭”“快点做作业”“快点弹琴”“快点睡觉”，甚至“快点玩”。

那么，父母为什么要不停地催促孩子呢？因为父母觉得孩子太磨蹭，打乱了自己的节奏，于是反过来打乱孩子的节奏。

在某科技馆里，四岁的小月在某运动装置面前不停地把玩，爱不释手……但是，走在前面的妈妈不耐烦地回头，然后对小月说:“老玩一个有什么意思？再玩这个就没时间玩其他的了！”还没等小月回答，妈妈已经拉起小月，径直往前走了……

这样的场景，想必很多父母都不陌生，我们大人生活和工作效率和节奏都快，所以希望我们的儿女也能按自己的想法、自己的节奏行事。其实，我们要明白的是，无论是生活节奏、生理节奏以及生命节奏，我们与孩子都是大不相同的。孩子有自己的节奏，对他们而言，感觉最舒服、最顺畅、最有利的就是顺应自然的生理节奏。如果孩子的生活节奏过快，会影响身体的激素分泌，对身体和心理都会造成损害。

经常被打乱节奏的孩子，一般都会有早熟、易烦躁、耐性差的特征，或截然相反，表现为反应迟缓、自我压抑、对某些事物过分依赖。

第一类孩子学会了取悦他人并优先满足他人的愿望；第二类孩子却因无法达到父母的要求而感到自己是“坏孩子”，从而失去自信。这两种情况都容易让孩子丧失自我。

催促孩子，在生活中是一种正常现象，它能教育孩子，帮助孩子适应外部世界。但是，当催促过多地表现在与孩子的关系上时，通常是因为父母自身的焦虑。当父母无法克服这些焦虑，将这些焦虑转嫁给孩子时，伤害就在不知不觉中发生了。

经常被父母催促来催促去，孩子会质疑自己的生活节奏，认为是自己出了问题，要么逐渐认同父母而变成一个同样焦虑的人，要么以一种极为拖沓的方式生活，以这种被动拖沓的方式表达对父母的愤怒。

儿童教育家孙瑞雪说，父母要想让孩子在人际关系敏感期发展好，就要让他自己完成自己的事情，父母不要插手。直到孩子需要父母的帮助，我们再介入，但也不是直接帮助，而是协助他，让他自己去处理。

1.正确看待孩子的磨蹭

孩子的每一个成长阶段，都需要得到父母的尊重。孩子小的时候需要父母的尊重，让他一步一步来。就像一棵小树长成大树，需要蓄积自己的力量。父母不要着急，磨蹭不是什么大不了的事情，等他自己迟到一次，认识到严重性，自己也就抓紧了。孩子的磨蹭是逐渐接受社会的过程，父母不要着急，正确看待他的磨蹭。

2.静静等待，不要代替

一位妈妈在谈到自己的女儿时说："我女儿两岁半，每次吃饭总是十分笨拙，慢慢腾腾地。我工作那么忙，哪有时间慢慢等她吃，所以我一着急下，就会忍不住拿起往女儿嘴里塞，久而久之，就成了习惯。其实，我也知道这样做不对，但是每次看到女儿把饭菜吃到嘴里，我才能安心。"

其实，孩子也有自己的步调，父母只需静静地等待，不代替他，让他自己一步一个脚印往前走。

父母有时候也很委屈："我催你，我也很忙的好不，你自己把自己的事情做好，还需要催吗？"什么是小孩，这不就是小孩吗？小孩很难达到成年人速度，而父母也不要妄图用成年人的思维要求小孩。父母不都是从孩子这样一步一步过来的么，为人父母，要有耐心，不要拔苗助长，让他自己慢慢长。

当然，一味地指责家长也是不公平的，因为家长承受着巨大的压力。我们都在努力地和时间赛跑，但无论如何，我们也要尝试和孩子一起慢下来生活，尤其是对孩子的教育上，我们更要有些耐心，给孩子时间，让他自己去完成，正如台湾女作家龙应台在《孩子，你慢慢来》一书中写道："我，坐在斜阳浅照的台阶上，望着这个眼睛清亮的小孩专心地做一件事。是的，我愿意等上一辈子的时间，让他从从容容地把这个蝴蝶结扎好，用他5岁的手指。孩子，慢慢来，慢慢来……”

能别没完没了吗——别总是喋喋不休地唠叨

作为父母，我们都知道，孩子总是孩子，需要我们家长的呵护，尤其是处于心智尚未成熟的童年时期，一个不小心，孩子就可能学习成绩下滑，或者结交一些不良朋友等，因此，多半我们都会对孩子的一举一动相当敏感，总是担心他们这个弄不好，那个不好的。为此，我们总是唠叨喋喋不休地唠叨，久而久之，不仅让孩子不耐烦，更让孩子出现注意力容易分散的情况。我们先来看看下面的案例：

一天，在某儿童咨询中心，一位妈妈焦急地谈到自己孩子的情况：“老师在上面讲课，他根本就不听，回来一问学了啥，不知道！平时吃饭喊他，也是十遍八遍地喊，就跟听不见一样，这马上要上小学了，可怎么弄？”这位妈妈之所以来咨询，是因为她怀疑孩子智力有问题，所以想给孩子测测智商。

这位妈妈说，因为他们夫妻平时经常出差，所以孩子从出生后一直是家里的爷爷奶奶带，奶奶平时说话比较唠叨，也比较溺爱孩子，所以孩子很顽皮，不听话。

因为马上就要上小学了，才把孩子接回家，担心孩子小学跟不上，就给他报了个暑期的幼小衔接班，可是，上了一个暑假，感觉没学到什么。老师说上课的时候，孩子老是不注意听讲，经常老师在前面讲，他在下面小动作不断，总是不集中注意力。

“不只是在学校，就连平时在家吃饭，喊了好多次喊不动。你说他听力有问题吧，要是感兴趣的事儿，小声说他也能听见。”

咨询中心的老师在与孩子进行了简单的交流和观察后认为，这个孩子的问题可能不是智力问题，而是存在注意力缺陷，这种情况或与孩子的生长环境有关。

这位妈妈还是不放心，并坚持做了智商测试，结果表明孩子的智商确实没问题，而事实上，孩子之所以会出现这样的问题，可能是因为长期和老人生活在一起，老人又比较唠叨，就像人们长时间处于噪音的环境中，会自然屏蔽，所以，孩子习惯性地会屏蔽掉家长给他的指令。

其实，在我们的家庭教育中，这样的情况不少，这样的孩子通常注意力不集中，上幼儿园的时候，不是很明显，到了小学的时候会很快显现出来，最明显就是学习成绩差。

对于这种情况，我们父母要从日常生活和学习中加以矫正，通过游戏、讲故事等活动加强孩子的视觉统合能力、听觉统合能力及注意力训练。

其实作为父母应该相信孩子，给孩子独立的空间。有的时候孩子的一些行为，父母不认同，但只要不是原则上的错误，不如让孩子自己去碰碰钉子。

的确，父母本来应是孩子最愿意倾诉衷肠的对象，但不少父母往往把关心当成了唠叨，甚至招来孩子的厌烦。虽然儿童也渴望倾诉、渴望理解，但他们更需要父母施以正确的沟通方式，那么，在日常的家庭生活中，我们该如何避免对孩子唠叨呢？

1.少说话，善于察言观色

日常生活中，我们对孩子的关心不一定全部要通过语言，我们不妨学会察言观色，从一些小细节上发现孩子细微的变化。

另外，即使与孩子交流，我们也要对孩子的反应敏感些。孩子对谈话内容感兴趣时，可将话题引向深入，一旦发现孩子有厌烦情绪，就应立即停止，或转移话题，以免前功尽弃。另外，即使找到交流的话题，也应力求谈话简短有趣、目的明确，切忌啰唆，以免造成切入点选择准确，但交流效果不佳的情况。

2.用“小纸条”代替你的唠叨

沟通不一定是“用嘴说”，用小纸条也是不错的方法。

小杰是个单亲家庭的孩子，他的母亲在他三岁的时候就离开了。他的父亲就身兼母职，独自抚养小杰，但父亲因为经常出差，出门前总会在冰箱上留一个便条：“里面有一杯牛奶，三个西红柿，请不要忘记吃水果。”在写字台上留张条：“请注意坐姿，别忘了做眼保健操等。”

多年以后，小杰考上了大学，父亲为他整理东西时，竟然发现他把这些纸条全揭下来并完整地夹在书本中。父亲的眼睛一下子湿润了——原来孩子的情感之门始终是向自己敞开的，对自己的关爱也始终珍藏在心底。

3.关心孩子不一定非得询问学习状况

《钱江晚报》曾经发表过一个有关调查，结论是：“在与孩子沟通的问题上，家长指导孩子学习的占70%，这就是问题的症结所在。”孩子的成才应该是全方位的，只抓孩子的学习，对孩子全面发展是极易产生负面的“蝴蝶效应”。这些，是对任何年龄阶段的孩子实施家庭教育过程中都应该避免的。

为此，作为父母，我们若想和孩子沟通，就需要多关注孩子除了学习外的其他方面。如果你的儿子是个球迷，那么，你可以默默帮孩子搜集一些信息，孩子在感激后自然愿意与你一起讨论球技、赛事等；如果你的孩子爱唱歌，你可以在节假日为孩子买一张演唱会门票，相信你的孩子一定倍受感动，因为他的父母很贴心、明事理。

这种类型的交流是“润物细无声”式的，它没有居高临下的威迫感，极具亲和力，孩子也容易打开心扉，接受与父母的交流。

当然，让孩子打开心扉，与孩子交流的方式、方法远不止这些。但总的原则是：一定要让孩子觉得父母是在真正地关心他，并且是从心底里关心的那种。

关掉电视电脑吧——拯救孩子的注意力

我们发现，在今天的中国，不论城市乡村，大街小巷，电视和电脑几乎无处不在。很多人回到家的第一件事就是打开电视，拿着遥控器往沙发上一趟，开始漫长的电视之旅，好不容易有双休日，也是泡在电脑上，久而久之，孩子对这些电子产品的兴趣更浓厚，哪还有心思学习和看书？

调查发现，0~8岁儿童大约每天40%以上的清醒的时间都是对着屏幕度过的，电脑、电视、手机、iPad，一个都不能少。并且，很多孩子是从小就开始跟着父母看电视了：躺在摇篮里，就在电视的背景声中吃饭睡觉；2岁的孩子不懂电视情节，就开始看各种广告。长大以后，他们就开始玩电脑和手机，当孩子对电视电脑的兴趣越来越浓，有些家长就利用电视来达到各种控制孩子的目的，如为了让小孩子吃饭的时候不要乱跑，故意开电视或手机给孩子看吸引他们的注意力方便喂饭。等孩子上到小学，各种电视剧、真人秀节目也都成了他们生活中的一部分。

在美国有一个研究，对2600个孩子进行跟踪调查后，发现他们在2岁时在电子产品上花费的时间，对7岁时的自控力、条理能力都有负面的影响。

美国儿科学会认为，儿童在2岁以前不宜接触任何电子媒体，因为“孩子的大脑在最初几年发育非常快，而幼儿通过与人互动，而非和屏幕互动，才可以最好地学习”。大一些的孩子和青少年每天花在娱乐媒体上的时间不应超过一到两个小时，而且相关内容最好是优质的，他们应该有更多自由时间在户外玩耍、阅读、发展业余爱好和“在自由发挥中运用自己的想象力”，儿科学会如是建议道。

为什么看电子产品对于年幼的儿童有这样的不良影响？

研究者认为，很多电视节目、电脑和手机视频画面变化很快，会给孩子的注意力造成比较重的负担，长期这样下去会使得孩子的注意力和提取信息的能力不堪重负而受损。另外广告太多时，孩子的注意力在故事情节和广告之间切换的时候也会承载过多，因而也会伤害孩子的专注力。

正如教育专家所说的：”我们整天把这些电子产品扔给孩子们，是在分散他们的注意力，而不是教他们如何自我安抚，如何让自己平静下来。”

更加值得引起重视的是，电视也会对孩子的执行功能有影响！大人不要以为自己开着电视，孩子没在看就没关系，其实没有人看的时候电视也会营造一个喧闹、混乱的家庭氛围，这种环境对孩子也是有害的。此外，看太多电视还会对孩子的视力、阅读能力、学习成绩、注意力、记忆力和社会功能造成不良影响。

从电视到电脑、智能手机，数码时代几乎已经渗透到每个人的生活之中。在孩子的成长过程中，耗在各种屏幕前已经成为了无法逃避的一部分。

如果处理不当，这些数码产品可能对孩子大脑发育、心理健康及身体健康产生三重伤害。父母和老师需要帮助孩子管理看电视、玩手机的时间，并监督筛选适合孩子的内容。

那么，具体来说，父母应该如何处理好孩子玩电子产品的事情呢?

1.尽量避免或减少孩子接触电子产品

孩子越小，在真实环境的体验就越重要，父母应该多陪伴孩子到户外活动，让孩子感受大自然的真实色彩和声音，而不是让他们沉迷于电子产品的诱惑。陪伴孩子需要占据父母的时间，这就需要父母们处理好工作、娱乐与教育孩子的关系。父母应该要明白，在孩子儿时多付出一些，孩子长大之后就会让自己少操心。反之，父母在孩子小时候疏于照顾，他长大之后的教育问题，就会让父母倍加辛苦，也难取得教育效果。

2.严格限制孩子接触电子产品的时间

小学生每天接触电子产品的时间不宜超过一个小时，周末每天玩电脑的时间不要超过一个半小时。如果父母在孩子小时候就立下严格的规定，培养他们的自制力，随着年龄的成长，他们就会逐渐养成自我管理的好习惯，对孩子未来的自主学习也非常有帮助。

电子产品是这个时代的产物，我们不能回避，但对孩子来说，家长的榜样的力量非常大，现在很多家长不是手机不离身就是一回家就坐在电脑前面，孩子和父母的交流大大减少。对于孩子来说，他们最初的交流对象就是父母，如果父母是这样，那么孩子也会照着学，父母在自己做好榜样的同时，也要加强和孩子们的交流，要让孩子们明白，生活中不仅仅有手机和电脑，还有亲人之间的接触和交流。

当然，如果孩子已经对电视电脑等形成依赖心理，家长应寻求专业心理医生的帮助，尽早干预，不应放任问题愈演愈烈！

第04章 从生活入手，培养孩子认真、仔细的生活习惯

生活中，我们很多人都知道提升孩子注意力和专注力的重要性，但是让很多父母苦恼的问题是如何着手训练。其实我们大可以从日常生活中开始，培养孩子认真、仔细的生活习惯，比如，锻炼孩子做家务的能力、自理能力以及整理的能力，每天为孩子布置一点家务任务，在这一过程中，不仅可以提高孩子做事能力，更可培养其认真专注的习惯。

先从好的生活习惯开始——按时作息，保持规律

众所周知，睡眠有助于保持孩子健康身体，但你知道多久才是“足够的睡眠”吗？据美国科技网站TechTimes报道，美国睡眠医学会（AASM）首次提出“保证青少年身心健康的睡眠时长建议”，该报告已收录于《临床睡眠医学杂志》，并成为在丹佛举办的睡眠大会的重要议题。

专家小组在研究中发现，充足的睡眠有助于提升表现力、专注力、记忆力、学习能力、情绪管理能力、身体素质，以及生活质量。缺乏睡眠可能导致儿童学习能力下降，产生破坏性行为，甚至导致肥胖、高血压、糖尿病、抑郁症等病症，青少年则可能产生自杀和自残倾向等。

的确，作为父母，我们都希望孩子学习努力，但我们不能给孩子太大的学习压力，只有让孩子劳逸结合，才是高效学习的前提，而这就需要我们为孩子制订生活规矩，让孩子有个好的作息习惯，孩子休息好了，才能集中注意力学习。

这天晚上，都十二点了，雯雯还在房间玩手机。妈妈看见雯雯房间的灯还亮着，就站在房门外，等雯雯把手机上的游戏打完，然后敲开了雯雯的门。

“雯雯，你知道几点了，对吧？不早了哟。”

“我知道，可是明天周末呀，没事的。”雯雯为自己找借口。

“可是你知道吗？你今天晚睡，明天就要睡懒觉，明天晚上又会睡不着，循环往复，你的作息时间就会被打乱，伤身体不说，还会影响你的学习效率。”

“嗯，妈妈你说的对，健康的前提还是要有规律的作息时间……”

良好的生活习惯，源自于平时作息时间的保持。只有合理安排好自己的作息时间，使生物钟能够保持正常的周期，人体才会感觉到精力旺盛。大量资料表明，凡是生活有规律、勤劳而又能劳逸结合的人，不仅工作效率高，而且健康长寿。

当今社会已经不是一个“头悬梁锥刺股”即能成功的社会，学习上也是，时间加汗水，加班加点，牺牲休息时间，完全不顾自己的身体。这种做法有损身体健康，又没有效率，往往事与愿违。对此，作为父母，我们应该结合孩子的生理承受力，为孩子科学地安排作息时间。即使孩子学习紧张，紧张中有也要有松弛，劳逸结合，这才符合人的心理生理规律。我们可以制定规矩，让孩子在学习之余，打打球，唱唱歌，去郊游等，紧张的心情得以放松，压力自然也就得到缓解。同时，广泛地培养兴趣，让孩子做一些舒心的事，也都有利于减轻压力。

那么，我们如何制订规矩，引导孩子养成早睡早起的习惯呢？

1.每天保证8小时睡眠

我们要为孩子规定，晚上不要熬夜，定时就寝。中午坚持午睡，充足的睡眠、饱满的精神是提高效率的基本要求。

2.家长也尽量做到早睡早起

有必要的话，父母可以和孩子一起养成早睡早起的习惯，最好全家人都动员起来，以营造良好的环境、氛围来协助孩子调整好生物钟。只要生活有规律了，无论什么季节，孩子都能拥有健康、元气饱满的一天！

3.调整饮食规律

饮食也会影响睡眠，如果晚餐吃得过饱或摄取热量过高的食物，孩子可能会出现肠胃不适，或者精力过于充沛，都会导致睡眠质量不好，如此的恶性循环，不只对于孩子的健康十分不利，对成人也一样，因此，我们和孩子都要注重早餐吃饱、午餐吃好、晚餐吃少的原则。

4.告诉孩子要睡好午觉

我们不要忽视午觉的作用。在午餐和晚餐中间，一般人都会觉得头昏脑胀，思路缓慢，好像也不太能集中精神，这是人正常的生理反应。愈来愈多的证据显示，在经过半天的活动之后，有一股力量会驱策我们休息一下，同样，对于学习阶段的孩子来说，更应重视午觉的作用，过度的用脑会对大脑发育有不利影响，也不利于下午的学习。

5.给孩子制订生活作息制度

给孩子制订一个生活作息制度，每天什么时间干什么，给孩子讲清楚，没有特殊情况不要变动。并且，要持之以恒。每天都坚持让孩子早睡早起。不能一到周末就玩至深夜，周日早上全家人都赖在床上不起来，这样很难使孩子养成良好的睡眠习惯。相信时间长了，孩子会养成遵守作息制度的好习惯的，当然，养成好习惯不是一天两天的事情，需要我们用耐心引导，一定不能操之过急。

一步步养成认真的好习惯——每天给孩子布置一点家务

作为父母，我们都知道，认真是一个人重要的品质，孩子养成做事认真、注意力集中的习惯，对孩子的学习乃至今后的人生发展都有着至关重要的作用，然而，一些父母感叹，如何对孩子进行注意力训练呢？其实，我们大可以从日常生活中开始，比如，锻炼孩子做家务的能力，每天为孩子布置一点家务，在这一过程中，不仅可以提高孩子做事能力，更可培养其认真专注的习惯。

周末的一天，小云在家做作业，妈妈准备对全家上上下下进行一次大扫除，她喊小云把自己的床单拆下来，没想到小云却说："妈妈，你自己拆吧，我正忙着呢！"

听到女儿这么说，妈妈不怎么高兴，她心想，这孩子，都这么大了，什么事情都不做，这样下去，以后住校了可怎么办？于是她说："小云，你都十岁了，是个大女孩了，该做些家务来锻炼自己了。"

"妈妈，你今天可真是奇怪，平时我主动要求做家务，你都不让。我说买菜，你说怕人家坑了我；我说刷碗，你怕我把碗打碎了；我洗衣服，你又说我洗不干净。"

"以前是妈妈不对，现在妈妈觉得错了，适度做点家务对你的成长大有益处。尤其是能训练你的专注力哦！"

"嗯，妈妈说的对，那从今天开始，我就当妈妈的小帮手吧。"

"女儿真乖，呵呵。"

和小云一样对家务丝毫不插手的孩子在现代家庭中为数不少，这不仅与孩子自己的惰性有关，更重要的是父母不恰当的教育方式：一是家长喜欢大包大揽，不懂得让孩子从小养成爱劳动的好处；二是有的家长一开始也想让孩子干一些力所能及的家务活，但几次孩子做不好，就不让他们做了；三是在"万般皆下品，唯有读书高"这种传统观念的影响下，不少家长忽视了对孩子的劳动教育。父母大多数是不让孩子做家务事的，甚至孩子自己该做的事，如收拾书包、叠被子等家长都要代劳，要求孩子就只管弄好自己的学习。其实这样做是剥夺了孩子的成长舞台，把孩子管成了事事依赖父母的精神残疾。

事实上，做家务对孩子的全面发展有着重要作用。适当让孩子干点家务活不仅影响不了学习，而且还有助于培养他的意志和品质，尤其是注意力，当孩子具备了一定的干家务的能力后，我们就要让孩子做家务，最好每天给他布置一点任务，这样不仅仅是为了减轻父母的负担，还可以促进孩子的全面发展。通过承担一定的家务责任，孩子能够形成自我意识，建立起自信心，更有助于孩子形成独立的人格，学到很多日常生活中的科学知识等等，这些都为孩子以后的成长打下基础。

生活即教育，哈佛大学曾经对456名孩子跟踪研究20年，这些孩子被分为两类，爱做家务的和不爱做家务的。20年后，他们失业比例是1：15，犯罪比例是1：10，收入也是爱做家务的比不爱做的高20%。而且，爱做家务的孩子离婚率低，心理比较健康。由此可见，参加家务劳动不仅仅是孩子为父母分忧的权益之计，更重要的是它关系到孩子今后的就业成才和生活幸福。

但可能有些父母会发出疑问：对于这些已经懒惰成性的孩子来说，怎样才能让他们做家务活呢？确实，现在的独生子女能做到这一点是很不容易的。放手让孩子干一些家务活，这话说起来容易做起来难。那么，有什么好方法让孩子们“动”起来呢？又该如何与他们制订规矩呢？

1.让孩子尝尝懒惰的“苦头”，逼其“出手”

我们来看看这位母亲的训女经历：

“女儿今年四年级，别说让她做家务，就连自己的袜子她都不洗，不过这也是我惯的。现在，她升入四年级后，学习工具、课本的增多让孩子的房间一团糟，写字台上、床上到处都是书、纸。没办法，我看不下去了只好帮她打扫。有一天早晨要上学了，她还在房里急急忙忙地找自己的数学课本，还一边向我大发牢骚：‘跟你说了多少遍了，你就让我的房间乱着，我的东西你别动，你别收拾，现在好了，我的东西都找不到啦！’帮她找出数学课本后，我故意打击她：‘今后看你还要不要我收拾。’吃过几回‘苦头’后，女儿一看到我拿着抹布向她的房间走去，就赶紧说‘我自己来’。此后，女儿似乎喜欢上了收拾自己的小屋子，没事的时候，她还会采些花儿回来摆在房间，每当周末大扫除的时候，她也加入到我们的劳动队伍中。看来，我的办法奏效了。”

2.多鼓励，让孩子尝尝劳动的“甜头”，使其爱“出手”

要提高孩子的劳动积极性，少不了鼓励和表扬。

“儿子从小就爱劳动，这是因为我经常夸他，记得儿子3岁半时，我用破衣服给他做了一个小拖把，每天让他学习拖地。虽然他那架势像是在写大字，但我仍高兴地夸他是个爱劳动的好孩子。有时，邻居们看见了，也忍不住表扬他几句。得到肯定后，儿子的干劲更大了，不但要争着拖地，还抢着擦窗户、洗碗。后来，儿子上了初中后，好像变懒了，我还是使出了旧招数。那天，我很忙，没回家做饭，等我回来了，一揭锅，才发现饭菜都做好了。虽然很难吃，我无奈地笑了笑，但还是进房间对儿子说：‘你的饭菜味道不错哦，不过如果少放点盐会更好些。’儿子高兴地答应了，下回做饭味道好多了。”有位妈妈提到自己爱劳动的儿子的时候满脸笑容。

3.适当给孩子点“好处”，诱其“出手”

宋佳佳同学家搬新家了，妈妈并没有请人，而是雇了自己的女儿。当时，他们刚搬进新房，妈妈本想请个钟点工打扫卫生。宋佳佳知道做钟点工每小时有10元后，就主动“请缨”：“妈，你就请我吧，质量三包，而且肥水不流外人田嘛。”想想这不仅能调动她的劳动积极性，又能让她明白赚钱的辛苦，妈妈就爽快地应承了。果然，孩子干活很卖力，卫生也做得很好，特别是她还能用赚来的钱买些参考资料和学习用品，这让她很有成就感。

不过将孩子的零用钱和家务挂钩只是一种战略技巧，还要从根本上培养孩子的家庭责任感。家长要告诉孩子：“家务并不是只有爸爸妈妈做的，你也是家庭的一分子，也有做家务的责任和义务。”

事实上，孩子并不是不愿做家务，关键在于家长要善于引导，使其保持对劳动的积极性。所以，作为父母，我们要适当超脱一些，尽早放手让孩子成长。让孩子在做好他们自己事情的同时，也多做些家务，这样，不但能培养孩子的自立能力，更能锻炼孩子的注意力。

把小事做好才能做大事——小事更能磨练孩子的专注力

我们都知道，从小培养孩子认真专注的习惯非常重要，这个认知力对孩子的一生有深远的影响。专注力好的孩子，在课堂上可以学习到更多知识，注意力不集中的孩子，听了老师一两句话后，就开始发呆走神，学习就跟不上，考试成绩也差，可见专注力对于孩子来说多重要。

的确，培养一个优秀的孩子，这是很多父母关切的问题，每个父母都希望孩子可以成龙成凤，有些父母在孩子2岁就开始为他报各种兴趣班，生怕输在起跑线上，但这种输在起跑线上的思维，无疑会过早让孩子焦虑，形成叛逆的性格，跟父母想培养优秀孩子的初衷越走越偏。

其实，对于1~4岁阶段的孩子，父母没必要急着让他们快速成长，用拔苗助长的方式对待他们的童年。这个年龄段的孩子需要的是发现生活和感受生活，尤其是那些细节，并且从中培养孩子的专注力，他们才会更加的优秀。

最好培育孩子的方式并不一定都在远方，这些往往就在我们眼前，甚至是看起来无聊的小事，比如，有些父母带孩子去公园玩，孩子在沙堆里玩得很开心，而在一旁陪着孩子的父母无法理解沙堆这么无聊的东西，小孩会玩得那么开心，对于小孩来说，这是一个很好的认知能力培养的过程。

在日常中，有哪些小事看起来很无聊，但坚持陪孩子做，就能锻炼他们的注意力呢?

1.让孩子完成自己份内的事

父母不妨让孩子从份内工作开始学习，其中包括生活自理能力，如自己学习将衣服穿好、放好；自己的玩具自己收拾好；把脏衣服放进篮子里。让孩子慢慢习惯，其实做家务也是自己份内的工作。

2.从生活中培养孩子做家务的能力

让孩子做家务是帮助孩子成长的最好机会，它不仅可以增加孩子做事能力，更可培养其专注的习惯。然而父母在培养孩子做家务习惯时，需要时间与耐心及周详的计划，让孩子能“自主自发”地去做，才能达到教育的效果。对于一些年龄较小的孩子，我们最好给予指导。

（1）择菜：这一家务能让孩子知晓一道菜的过程，从择菜到洗菜和烧菜一个环节都不可缺少，也能让孩子明白家长做饭的辛苦。

（2）洗米、煮饭：我们可以和孩子一起参与从舀米开始，让孩子知道全家人吃饭需要多少米，煮饭需要多少水。洗米时，也可以告诉孩子，这水除洗米外，还可以留着做其他用途，如洗菜，以此教育孩子节约概念。

（3）扫地、擦桌子：在孩子第一次做这些家务时，我们可以为孩子准备一块专门的抹布，让孩子试着去做家务，或由父母教孩子如何做，才能将桌子、地板弄干净。

（4）晒、收、叠衣服：晒衣服时可请孩子帮忙拿衣架，由妈妈晾衣服；收衣服时，孩子还小，可由他负责拿自己的衣服；叠衣服时，孩子也可以学习折叠及分类放好。

3.从趣味活动（游戏）中学习

（1）清洁队员与收购员。孩子假设自己是一位清洁队员，开着一辆清洁车，清扫各种玩具和东西，然后交给收购员（即妈妈）处理。借由游戏培养孩子做家务兴趣。

（2）扮家家。利用玩具、餐具（杯、盘、汤匙、锅）等与孩子玩做家务游戏。“娃娃，平常都是妈妈做饭给你吃，今天你也炒个菜给妈妈吃好吗？”“娃娃做的菜真好吃。吃完了，现在我们一起将桌子、盘子、碗收干净好吗？”借由游戏达到教育效果。

4.观察小动物

孩子对于小蚂蚁、小蝴蝶这类小动物是十分好奇的，这么有特点的小动物，孩子自然会感到很有趣，孩子在观察小动物时，是很好的观察力培养的过程，通过观察小动物，让孩子发现到自然界的奥秘，通过观察身边细微的事物来认识世界。

作为父母在陪伴孩子观察时，也可以给孩子上一堂生物课，比如，孩子观察蝴蝶时，父母可以教孩子关于蝴蝶的知识，增加孩子的知识点。

父母在培育孩子时，父母应该秉持初心，有时简单的方式不代表无效，长久坚持下来，对于孩子的成长来说，肯定是飞跃的改变，所以说，父母可以静下心来，看看那些不起眼的小事情。有时候，小事情说不定有大改变，所以让孩子成为更加优秀的人，并不难。

凡事提前准备——预则立，不预则废

在家庭中，可能不少家长发现，孩子似乎总是有做事慌里慌张的毛病，明明说好第二天全家郊游，但是到了目的地却发现不是少带这个就是忘了那个；上学到了学校后总是忘带课本；学习上毫无计划性，学习效率也不高……其实，孩子有这些不良行为习惯，完全是缺乏计划性的表现，如果我们父母不加以引导，久而久之，会造成孩子做事不认真专注且注意力不集中的坏习惯，更别说孩子能认真学习了。

为此，在对孩子进行注意力训练的过程中，我们父母要着重培养孩子做事的计划性，告诉孩子凡事预则立不预则废，只有制订划并按照计划实施，才能减少失误、保证效率。

我们先来看下面的案例：

林女士的女儿圆圆7岁了，刚上小学一年级，开学的时候，老师就说要来家里做一次家访，林女士想让女儿来接待老师，因为在这之前，她也一直有意训练孩子接待客人的能力，而且这次来的客人是老师，如果女儿能谈吐大方、彬彬有礼地与老师交谈，对于提升女儿的自信是十分有帮助的。

不过，林女士担心一点，女儿毕竟还小，如果不给予指导的话，可能还是会手忙脚乱，所以，老师来的头一天，她就告诉女儿，老师要来家里做家访，希望她来做这次接待的主人，这样是为了让女儿有个心理准备。其次，她告诉女儿，老师来了之后，要热情打招呼和迎接，将老师引进客厅人，然后问询老师的口味，要为老师准备茶点。最后，明确老师家访的目的，与老师大方交流，而这个过程中，父母也会接待，但主要接待任务还是交给她。

圆圆果然没有让林女士失望，老师第二天做完家访告诉她，圆圆是个很懂事乖巧的孩子，而且，才只有7岁，就能如此待人接物，确实很难得。听到老师这样的赞美，圆圆更开心了。

这里，林女士对孩子的家庭教育上可谓是用了心的，让孩子做接待客人的小主人，并告诉孩子做足准备工作，不但给予了孩子实践的机会，也避免孩子因经验不足而受挫，是对孩子接待客人的最好历练。

那么，在家庭教育中，我们如何教育孩子做事有计划性呢？

1.让孩子养成凡事做计划的习惯

有备无患，凡事预则立。多小的事情，都要让孩子有做计划的意识，这道工序不是简单的程序，不仅是锻炼孩子做事严谨的一种手段，也是让孩子具备独立的思考能力、处理能力的机会，是让孩子更好地解决问题的重要前提。

2.凡事问问孩子怎么计划的

父母帮助孩子做计划，不是将自己的所有想法都体现在本属于孩子的计划中，而要问问孩子，这件事他是怎么想的、怎么计划的。在父母的鼓励和示意下，孩子说出自己的计划，这时父母再根据具体情况，帮助孩子完善计划，给孩子分析什么问题可能遗漏了，什么问题可能没必要。在这期间，从始至终以建议的口吻，让孩子有“自己是计划书的主人”之感。

3.与孩子一起制订计划表

父母可以设计一份工作计划表，并和孩子一起讨论他能做些什么，想做些什么。有了父母的参与，不但能提升孩子做事的积极性，更能帮他们减少失败的可能。

4.让孩子处理与年龄相符的问题

每个阶段的孩子都有不同程度的能力，父母要认识到孩子的承受能力和解决能力。不能一味地大包大揽，让孩子没有机会去处理问题。当意识到这件事情不需要父母代劳，孩子也能处理好时，父母就应该大胆地放手让孩子去做。也许孩子第一次做得不好、做错了，但这无疑是一次尝试、一次前进，孩子会在第一步中获得处理事情的经验教训。

5.指导孩子制订合理的学习计划

合理的学习计划是提高孩子成绩的行动路线，是帮助孩子成功的有力助手。没有学习计划，学习便失去了主动性，容易造成东抓一把西抓一把，以至生活松散，学习没有规律，抓不住学习的重点，因而总是被其他同学远远地甩在后面。因此，家长要切实指导孩子制订合理的学习计划。制订一份合理的学习计划，就等于为孩子找到了促进学习进步的金钥匙。帮助孩子制订严格的学习计划，养成守时、有序、高效的好习惯，是孩子一生受用不尽的财富。

从人生成功的角度讲，统筹规划的意识和能力是一个要做大事的人取得成功所必须具备的一项重要素质，而这种素质只能在从小就习惯制订具体的计划并严格执行的实践中才能培养形成。

保持整洁——把乱七八糟的东西收拾好

生活中，我们经常看到有些家长唠叨自己的孩子没有自理能力，什么东西都乱放，到用时却找不到，其实，这些都是因为平时家长帮助孩子做的太多了，在孩子还小的时候就应该培养他们收拾整理的好习惯。要知道，孩子拥有好的自理能力会让其受益一生，尤其是对孩子注意力的训练大有裨益，在收拾和整理的过程中，能充分调动孩子手脑并用的能力，能锻炼他们的耐性和专注力，所以爸爸妈妈赶紧行动起来吧！

然而，我们看到的现实的请情况是，家长为孩子包办一切的习惯并没有得到纠正，为此，孩子连生活中最基本的的收拾能力都没有。这些家长是这样做的：

早上快要迟到了，可孩子却是慢吞吞，受不了了，赶快帮他收拾；

看他房间乱糟糟，赶紧帮他整理；

孩子说要自己洗澡，就怕他洗不干净，大了再说吧，还是我帮他洗；

画画后桌面一片狼藉，可睡觉的时间又到了，算了，我来收拾吧；

要出去旅行了，小家伙怎么懂收拾行李嘛，肯定是我来帮忙的。

这些现象在生活中随处可见，家长承包了孩子所有需要整理和收拾的任务，可家长似乎没有注意到，这样会导致孩子缺乏自立能力，将来在面对、解决困难面前，都会表现出其缺乏自信和独立性的一面，更别说独当一面了。从另外一个方面说，这会让孩子认为家长的付出都是理所应当的，更不会善待父母和家人了。最为重要的是，总是替孩子收拾和整理，剥夺了孩子训练专注力和注意力的权利。相反，我们发现，那些从小就懂得收拾房间和整理书包的孩子，他们在学习上的自觉性更高，且更专注。

下面，我们来看看孩子不懂整理的坏处：

1.孩子缺乏自理能力

孩子不懂得整理，事实上，是因为孩子缺乏自理能力，爸爸妈妈应该从孩子有行为能力后教导他做一些力所能及的小事，让孩子明白自己的事情要自己做，别人遇到困难了可以及时给予帮助。

2.孩子喜欢依赖他人

有位母亲这样抱怨："儿子从小和我在一起，是我自己一手带大，母亲对子女的那种疼爱让我不仅对他宠爱有加，而且几乎没舍得让他做过任何家务。慢慢的，连儿子都认为妈妈就是在家里伺候他和爸爸的，于是能干的事情也不愿意去干，总是妈妈长妈妈短的叫个不停，而我也因为看不上儿子做的一些事情彻底剥夺了他想自己动手的念头，结果儿子的依赖心越来越重了！"

不得不说，现在的孩子大多都是独生子女，他们生活在优越的环境里，备受长辈的呵护和关爱，他们在家里的一切都由父母包办代替，是家中的小太阳。一切生活琐事都无需自己动手，潜移默化地就养成了他们依赖别人的习惯。

的确，孩子不懂得整理，总是会让别人帮忙，慢慢地就会让孩子觉得家务事并不是自己的责任，自己不想做的时候别人来帮助自己是正常的。这样就会造成孩子从小就不会自己独立去完成任务。

3.孩子养成懒惰心理

孩子不懂得整理，慢慢地会变得越来越懒惰，小时候自己的事情不肯自己做，长大以后很多事情也会懒得去做。这就是孩子的惰性在作怪。

4.孩子做事效率不佳

孩子不懂得整理，会降低孩子做事情的效率，小事做不好，在工作学习上遇到事情就更加解决不好。因此，要想以后孩子有所作为，在孩子小的时候就要开始培养他的整理能力。

因此，家长必须引起重视，要从小引导孩子自己收拾整理。

在孩子有了一定的动手能力后，教会他主动去收拾整理，不仅可以帮助他发展能力，还能让爸爸妈妈的劳累程度大大减小。大家要注意的是，想要你的宝宝自己学会收拾，不是一蹴而就的。但只要爸爸妈妈做到以下几点，孩子就能够学会简单的整理。

1.告诉孩子房间干净的好处

可以给孩子讲讲，干净、整洁的环境能让他们很快地找到他们的东西，比如，当他们需要衣服时能在第一时间找到，并且衣服放在衣柜里会让他们的房间看起来更整洁，他们的玩具小伙伴也会生活得更舒适。这样，孩子们就会越来越喜欢整理自己的房间。

2.让孩子去感受一下房间脏乱带来的后果

比如，孩子把脏衣服随手扔在地上而不是扔在篓子里，那么他们就没有洗干净的衣服可以穿；如果孩子不爱惜、收好自己的玩具，那么玩具可能被损坏或丢失。这是教孩子注意保持房间卫生很好的办法，甚至都不需要家长去惩罚，孩子就会乖乖整理好。

3.创造一个能使孩子乐于整理、能够整理的环境

比如说，专门给孩子安排一个角落，用来放置去幼儿园用的衣服和物品，并标上新鲜有趣的记号。在孩子出入方便的地方，准备一个固定的放衣服、鞋、袜的地方。准备一个大的箱子，用来放玩具，准备一个低层书架或抽屉，用来放书。

4.当孩子的房间非常整洁时，家长要不吝惜地给予赞扬

可以夸孩子，说房间收拾得真好真干净，衣服叠得也非常好，这样孩子就会保持爱整洁的习惯。不过，奖励也不能太多，这会使孩子产生整理房间就有奖励的想法，那么若没有奖励孩子可能就不会主动整理房间。过度称赞孩子的勤快，可能会使他们认为他们本不应该打扫房间。

的确，爱玩是孩子的天性，像整理房间这样的事情，他们觉得没有乐趣才不去做。其实整理房间并不是一件非常困难的

事情，家长可以通过一些“小伎俩”来提高孩子们整理房间的兴趣，给他们创造动机。

让我自己来吧——提高孩子的动手能力

幼儿园开家长会，老师特意向孩子的父母布置了一项家庭作业——教会孩子剥鸡蛋皮。一位妈妈在下面小声地说：“这多为难孩子啊，我家女儿还不知道鸡蛋长什么样呢！”老师觉得很奇怪，孩子都这么大了，怎么会不知道鸡蛋什么样子呢？那位妈妈继续说：“我总怕煮鸡蛋的蛋黄会噎着她，到现在还一直只给她吃鸡蛋清。”在场的老师和父母们都惊呆了。

这位妈妈真的很爱自己的女儿，在日常的生活中大包大揽，什么事都替孩子做好，孩子上幼儿园了连鸡蛋的样子都没见过。这样的爱摧毁了孩子的动手能力，最终将会导致孩子一事无成。

科学研究证明：手部的活动和精细动作能刺激人的大脑皮层的运动中枢，反过来，运动中枢也能调节人的手部的精细动作，总的来说，就是能促进大脑发育及其功能的完善，为此，苏联著名教育家苏霍姆林斯基也说过：“儿童的智慧在它的手指尖上。”心理学家也一致认为手指是“智慧的前哨”，这句话足以表明手部动作是多么重要。动手能力是一种最基本的而又十分重要的学习能力，父母在训练孩子注意力的时候，不妨从培养他的动手能力上开始。

这个其实并不难，家长不要事事代劳，鼓励孩子自己动手，并形成规矩，另外，生活中提高孩子动手能力的方法有很多种：

1.父母要告之孩子“自己动手，丰衣足食”的道理

功夫不负有心人，成功的桂冠只属于那些锲而不舍、坚持不懈的人。一分耕耘才有一分收获，成功之花要靠辛勤的汗水来浇灌。从古至今，每个成功人士的背后都历经沧桑，但他们面对困难都是迎难而上、锲而不舍，为了理想奋发进取，最终取得了成功。

2.把家务进行合理分工

孩子也是家庭的一份子，他们可以帮助父母做一些家务，比如，当他们放学回家后，爸妈还没下班的情况下，可以让他们先煮好饭；周末，他们也可以抽出半天时间帮爸妈进行大扫除等。这虽然都是一些小事，但却能锻炼孩子的自理能力。

如果孩子不愿意做家务，我们可以把家务进行分工，比如，父亲负责清扫房间，妈妈负责做饭，孩子负责喂养宠物或洗碗等。这样，孩子会逐渐认识到自己的职责，也就逐渐能养成自理的习惯。

3.让孩子在日常生活中学会自理，自己的事情尽量自己完成

孩子学会走路之后，活动范围明显扩大了许多，这时的孩

子非常愿意做些事情。但是他们手、脚的协调能力还不完善，做起事来常常“笨手笨脚”，家长千万别因嫌孩子麻烦或碍手碍脚而剥夺孩子学习劳动的机会，家长可以耐心地、反复给孩子做示范，让孩子跟着模仿，慢慢地就会从不熟练到熟练，最后运用自如了。可以教孩子自己逐渐学会系鞋带、脱衣服、放被褥、收拾自己的房间，洗一些简单的东西，等等。

比如，当孩子具备一些动手能力后，就可以让他洗自己的衣服了，而如果你的孩子比较懒惰，不愿意自己洗衣服，那么，我们不能粗暴地批评，而要进行耐心地说服教育，帮助他逐渐学会洗自己的衣服，并鼓励他向自理能力强的同学和朋友学习，早日提高自理能力。

当然，除此之外，我们还可以让孩子自己的被子自己叠、自己收拾书包和房间等。

4.鼓励孩子力所能及地帮助别人

家庭生活是一种集体生活，也可以看做社会的缩影，家长要引导孩子多为父母做些事情，可以是一些很小的事情，如扫地、擦桌子、洗碗筷，等等，从小培养孩子为他人着想的意识。

5.对于一些年龄较小的孩子，可以培养他们对于益智游戏的兴趣

游戏是幼儿运用智慧的活动，在游戏中孩子的感知觉、注意、记忆、思维、想象都在积极活动着，孩子不断地解决游戏

中面临的各种问题。这使孩子的思维活跃起来，有利促进孩子的注意力、记忆力、思维力、想象力的发展，同时也促进孩子动手能力的发展。

6.父母要善于称赞孩子。

当孩子努力去做了，或做得很好时，家长要立即予以称赞和鼓励，以调动孩子的积极性，增强孩子的自尊心和自信心。这种称赞尽量不要以实物的形式，如给孩子买玩具，买好吃的东西等，因为这样容易刺激孩子的虚荣心，时间久了，反而会阻碍孩子的健康成长。

另外，孩子在刚开始进行自理的时候，家长还应该注意以下几个方面：

（1）考虑孩子的实际情况，不要超出孩子的能力范围，以免孩子因挫折而产生抗拒和畏惧。

（2）先要对孩子进行引导，面对孩子越帮越忙，把现场搞得一塌糊涂、乱七八糟时，要耐住性子，教孩子改正及示范正确方法。

（3）“多容忍、少责备”，在指导孩子的时候，口气要温和，不宜破口大骂，有耐心、有步骤地教导孩子。

（4）有家务时全家要一起参加，不要让孩子产生“我不需要自理”的错误观念，应让他有正确认识，“家”是属于每个人的，所以屋里的每一件事，大家都有义务去做。

（5）安全问题也是不容忽视，不要让孩子接触一些危险物品。

总之，我们父母要明白的是，一旦孩子具备一定的自理能力，家长就要适当放开你包办的手了，给他们一个锻炼自己，提高能力的机会吧！

第05章 兴趣是最好的老师，利用孩子的兴趣提升注意力

兴趣会使学习者保持高度注意力。根据心理学实验，不同年龄的人保持注意力的时间是：7~10岁为20分钟，11~12岁为25分钟，12岁以上为30分钟。如果对学习材料发生浓厚兴趣，保持注意力的时间会大大延长。其实，对于年龄较小的孩子也是如此，也就是说，如果我们能抓住孩子的兴趣点，就等于抓住了孩子的注意力。

我就不喜欢这个——不要强迫孩子做他不喜欢的事

家长们都希望儿女成才，很多父母在儿女的智力投资上不惜一切。然而，在为孩子进行投资的时候，却忽视了孩子自己的兴趣，一味地认为这就是为了孩子好。我们要明白的是，包括我们成人在内，只有对自己感兴趣的事才会投入注意力和精力。科学研究也表明，人一旦对某种活动或某个事物产生兴趣，他就会倾注热情，就能提高从事这种活动的效率。

因此，对于父母来说，在孩子成长的过程中，千万不要强迫孩子做他不喜欢做的事，否则只会让孩子产生厌倦情绪，更别说注意力的提升了。

周先生的儿子周凯是个“大忙人”，似乎他的时间总是不够用，周先生没有征求他的意见就为他报了书法培训班、英语口语班还有三个奥数培训班。周末的时候，周凯都没有自己的时间，周六上午去学书法，周日下午学奥数，晚上练口语，还要做老师布置的课下作业，时间被排得满满的。

每当周末去培训班的路上，周凯看到同龄的孩子在自由玩耍的时候就特别羡慕。他多想和爸爸说他不喜欢那些培训班，但是看到爸爸陪他时的辛苦，又难以开口。他觉得很压抑，生活得很不开心，这些培训班已经影响了他的正常学习。

其实，在周凯的班上，深受培训班之苦的还不止他一个人，只不过周先生为儿子报的特色班实在太多了。

这样“不堪重负”的孩子在生活中比比皆是，一些父母为了怕孩子掉队，为了对孩子的升学有帮助，就盲目地为孩子报各种兴趣班或培训班，也有一些父母，抱着跟风的心理，担心孩子在普通班觉得“低人一等”，只得给孩子报了班。但我们可曾想过孩子感兴趣吗？兴趣是最好的老师，孩子没有兴趣，怎么可能学得好？

的确，人们在兴趣的指引下，会逐渐增加积极性，对有兴趣的东西往往会表现出很强的学习热情，而不感兴趣甚至讨厌的事是无法集中注意力的。事实上，我们发现，在很多家庭中，家长并不怕花钱，比如，一些父母认为买了最好的最贵的钢琴，还给他请了钢琴老师就可以学好了。一开始孩子觉得很好玩。可是好景不常，时间久了，他的好奇心逐渐淡薄了，学琴时也不那么用心了，甚至发展到不愿意上课，不肯碰钢琴了。

其实孩子根本不喜欢钢琴，家长非要孩子学习，理由是班级里小朋友都在学，不甘心让孩子输在起跑线上。大家在议论五六岁的孩子正是对外界一切都感到新奇，最好玩的时候。你现在要把他关在屋子里，他怎么会受得了呢？

孩子没有兴趣，没有学习的要求，父母只是管束和强迫，孩子是学不好的。而且时间长了，孩子还会对弹琴反感，以致消极对抗。培养孩子的兴趣是最重要的，要让孩子从心里喜欢。

在这一问题上，我们父母要做到：

1.尊重孩子的个性，别把你的兴趣和爱好强加给孩子

这是个性差异使然，很多有所成就的家长都希望自己的孩子能按照自己的兴趣、爱好，甚至为他规划的人生走下去，早有“子承父业”“书香门第”之说，而其实，每个人都有自己的个性，即使他是你的儿子，也不是你的附属品，也有自己的兴趣爱好，他们更希望从家长那里得到认同，家长不要一味地为孩子做决定。

2.不要盲目跟风

现在社会充溢竞争，很多父母看到其他孩子报特色班，害怕自己的孩子掉队，所以会盲目跟风。孩子在培训班上心不在焉地听着自己并不感兴趣的课程，为此失去很多自由，但是父母却无视孩子的心情，对报培训班乐此不疲。

我们在为孩子报兴趣班时要多一些理性，综合考虑孩子的爱好和兴趣班的教学质量，不要盲目地跟从其他人的选择，在众多的兴趣班广告前擦亮眼睛，征求自己孩子的意见，只有适合自己孩子的才是最好的，以培养孩子的兴趣为主，让孩子在快乐的培训中发展自己的喜好。

3.不要有功利心理，允许孩子发生兴趣转移

人的兴趣爱好不一定是一成不变的，大人亦是如此，更何况孩子。随着年龄的增长，孩子接触面的拓宽以及自身社会经验的加深，他们的兴趣也可能发生变化，比如，小时候他喜欢钢琴，而现在却对计算机产生兴趣，而有些父母，出于功利心理，不能接受孩子的兴趣转移。比如因为当初给孩子买了钢琴，就不允许孩子的兴趣再发生变化了。这些父母可能强迫孩子天天练琴，直到孩子彻底丧失对弹琴的兴趣。这种做法并不可取。

其实孩子拥有丰富的兴趣对自身发展而言是种提高，父母要鼓励孩子全面发展自己的兴趣，允许孩子的兴趣发生转移。

总的来说，作父母的绝不可以滥用自己的权威，强迫子女做他们所不愿做的事。哪怕是好事，父母的要求是正确的，也只能耐心地开导，绝不能一意孤行，应该尊重孩子的选择。

为什么不让我做——不要干涉孩子做他喜欢做的事

有人说，兴趣是最好的老师，这话并不是毫无根据的。以学习为例，如果你对一件事毫无兴趣，那么，即使花再多的时间，也是徒劳，也难以记住那些知识点。要想建筑成功的大厦，就必须有先天的或经后天培养而成的兴趣基础。有了兴

趣，才有可能培养和形成敏锐的感觉与反映，累积可供运用和发挥的技术与技巧。有了兴趣，才有无穷的动力使你在某个领域当中越钻越深。有了兴趣，才有勤奋，有了勤奋，才成就了辉煌和成功。同样，我们对孩子的教育中，也要考虑孩子的兴趣，孩子不想做的，不要强加，孩子想做的，也别阻挠。

“莉莉8岁的时候，我给她做了一块小黑板，从此她每天都教邻居家4岁和5岁的两个小男孩识字。现在她是一所中学的教师。学生们都很喜欢她。”

“很多年前，我给女儿娜娜买了一个漂亮的芭比娃娃，接下来的日子我发现女儿经常给娃娃做新衣服，她做的衣服剪裁还不够细致，针脚也不够整齐，可是非常有创意，她也很善于搭配色彩和花纹，现在她正在读服装设计专业。”

“一天晚上，我在厨房做晚饭，听到客厅传来并不是很好听的歌声，我走进客厅，看到我10岁的女儿在随着伴奏的音乐唱歌，我马上对她说：‘宝贝，你唱得简直太棒了！’现在她已经出了自己的专辑，我是她忠实的歌迷。”

这里，我们可以发现，每个孩子都是一粒亟待发芽抽枝、开花结果的种子，也许她是玫瑰花种，将来会绽放绚烂的玫瑰；也许他是一株小草，将来会焕发出绿色的、倔强的生机……然而有一点不容置疑：孩子天赋的发挥离不开父母对其兴趣爱好的支持和鼓励。

然而，我们却发现，现实生活中，一些父母认为，成绩好才是王道，于是，他们把所有精力都放在引导和帮助孩子提高学习成绩上。而事实上，正是因为父母对孩子兴趣爱好的忽略，才导致孩子关上了与父母沟通的心门。

另外，从未来社会对人才的要求来看，真正能在社会上获得很好发展机会的人才，都是具备很好的创新能力的人和全面发展的人，因此，父母不要为了追求短期的效应，让孩子把所有精力都放在学习上而忽视了其他方面的发展。尊重孩子的兴趣，让孩子玩得自主，孩子也才会快乐地学习和成长，才是防止孩子在未来出现短板的最好的教育方法。

具体来说，我们需要做到：

1.尊重孩子的兴趣和爱好

日常生活中，我们应该多给孩子选择的权利，从孩子的兴趣爱好出发，否则可能会事与愿违，严重的还会导致孩子产生厌学情绪，对生活和学习造成消极影响。缺乏尊重的家庭环境中，孩子没有自己的意识，丧失独立自主的能力，将来走上社会，也难以适应社会的发展。

作为父母，应该尊重孩子的身心发展规律，在了解孩子的兴趣的基础上，和孩子商量，尽量让孩子自己拿主意。这样孩子会感激你的理解，在学习的过程中才会更有积极性。

2.不要什么都替孩子想好

父母总把孩子放在自己的掌心，而他却渴望一片自己的天空。这种“独裁”只会把你的孩子从你身边拉走。中国的家长们太喜欢包办代替，操心受累之余还总爱不无委屈地说一句：“我什么都替他想到了，能做的我都做了，我容易吗？”可是对于这一“替”，孩子不但不领情，反而加剧了他们的逆反心理，尤其是年纪稍大点的儿童，他们更愿意固守自己的意志而拒绝家长的好心安排。

3.要听取孩子的意见

孩子也是独立的个体，童年时期的孩子更是如此，他们更希望从家长那里得到认同，家长不要一味地为孩子做决定，而应该，认真耐心听取孩子的意见。

一个人，如果不能在诸多方面得到发展，在哪一项上存在严重漏洞，都会影响他的人生前途。因此，作为父母，在与孩子沟通的过程中，一定不能只看重孩子的成绩，而应该尊重孩子的兴趣爱好，并支持和鼓励孩子发展自己的兴趣爱好，这不但有利于增进亲子间的关系，也能让孩子得到全方面的发展。

我想一看究竟——保护孩子的好奇心，激发孩子的求知欲

生活中，作为父母，当你的孩子缠着你问“为什么”的时候，你是怎么做的？耐心地为他解释，还是批评他多事、厌烦？其实，孩子开始问“为什么”，这表明他们开始展露他们

的好奇心。在孩子成长的过程中，好奇心非常重要，这是他们探索世界的动力。父母要学会挖掘孩子的好奇心，鼓励孩子的积极探索与求知。并且，保护孩子的好奇心，孩子在探索的过程中，能不断集中注意力和热情，这也是我们对孩子进行注意力训练的重要方法。

小娟3岁了，相对于其他同龄的女孩来说，她显得格外活泼。

一个周末，妈妈带她去公园玩，妈妈走在前面，小娟在后面跟着，但走着走着，妈妈发现女儿不见了。于是，妈妈四处寻找，结果发现，小娟在路边的一片草地上专注地玩着什么。

妈妈没有喝止小娟，而是慢慢地走过去，站在她身后，看见小娟正在用一根小木棍在拨弄着几只小蚂蚁，很专注地看着小蚂蚁的活动。

“宝宝，你在干什么？”妈妈问。

“妈妈，我正玩小蚂蚁。”小娟虽然回答了妈妈，但她连头也没回，还是再继续观察小蚂蚁。

妈妈心想，孩子这么有好奇心，是一种好的表现。于是，回家后，她给小娟买了一些会动、会飞的小鸟，小娟很高兴。

有了小玩具后的小娟便不痴迷动画片了，她经常专心致志地观察小鸟的各种动作。

一天，妈妈回家后，看到小娟正在拆小鸟，看到妈妈，小娟显得很害怕。妈妈故意板着脸问：“你怎么把玩具给拆开了？”

小娟小声地说："我只是想看看它肚子里有什么，为什么会拍翅膀、会叫。"

妈妈很高兴，因为她知道，只有会玩的孩子才会学，培养孩子的好奇心就是培养他们的智力，于是，她鼓励女儿说："宝贝，你做得对，应该知道它为什么会拍翅膀。"听了妈妈的鼓励，小娟高兴极了。不一会儿就把玩具鸟给拆开了，并对里面的结构观察起来。

小雅妈妈做得对，会玩的孩子才会学，活泼也是一种气质，活泼好动的孩子，总是具有敏锐的观察力、想象力和思考力，而这些是成才的关键。

的确，人都是充满好奇心的，对于自己不明白的问题，我们总是想探个究竟。这一点，在孩子身上体现得尤为明显，常常会向父母问这问那，但很多父母，却对此感到不耐烦，其实他们往往忽视重要的一点，好奇心是促使孩子学习、成长的良机。

其实，我们的孩子都是这样成长的：先对事物充满好奇，然后产生了继续探究的兴趣。并且，因为对世界的好奇，孩子会经常进行各种嬉戏，在各种竞赛过程中，他们学会了自信，同时，也提高了生存的技能。

具体来说，在培养孩子好奇心方面，父母可以从以下几个方面入手：

1.孩子发问，就要积极回答，不要挫伤孩子的积极性

如果孩子问你"为什么"，父母不要以"以后你就会明白

了”等敷衍、塞责的话回应孩子。父母应认识到，好奇是孩子认识世界、实现社会化的起点，如果不予以支持和鼓励，将会挫伤其积极性。

2.为孩子提供动脑、动手的机会

生活中，你可以利用孩子好动的特点，为他们多提供动手的机会，比如，他的小玩具坏了，你可以让孩子试着修修看，让孩子体验到一种自我成就感和乐趣。

3.让孩子自己寻找答案

孩子对周围的事感到新奇，想知道，对于这点，父母应该把探索的机会交给孩子自己，而不是把答案直接告诉孩子。

对于孩子的好奇心，父母应该用正确的态度加以培养，不但要热情地回答孩子的问题，还要创造机会，让孩子主动去探索、观察，促进他们求知欲的发展。一时回答不了的问题，不能一推了之，更不能胡编乱造，而应努力与孩子一起寻求正确的答案。

我的兴趣是什么——努力和孩子一起挖掘他的兴趣爱好

提到兴趣，很多父母感叹：“我也知道要尊重孩子的兴趣，但是孩子自己都不知道自己的兴趣是什么，今天想玩这个，明天又喜欢那个，如何尊重呢？”其实，每一个孩子都有自己特殊的兴趣，父母是与孩子接触最多的人，没有谁比父母更能发掘他们的兴趣所在，只要我们父母做个有心人，善加挖掘，就能带动孩子发展自己的兴趣爱好。

自从苗苗期末考试拿了学校年级第一名，苗苗妈就成了小区里有名的“教育专家”，无论是上班还是下班，都会被一些家长拦住，询问教育心经，而苗苗妈妈也沉浸在这种快乐之中，和这些家长一起探讨教育孩子的方法。这不，周末的早上，她想到小区花园坐坐，就引来了一群家长。

“你们家苗苗是怎么教育的啊？说句不好听的，我看这闺女平时也不怎么努力学习啊，我儿子说，苗苗还迟到过几次呢！”有位家长说。

“是啊，我儿子正好相反，每天大部分时间都在学习，可是也看不到什么成效，我也不知道他以后能做什么，真是担忧啊！”

“其实，每个孩子都是天才，最重要的是我们家长要善于发现孩子的兴趣和爱好，然后加以引导，兴趣是最好的老师，有了兴趣，孩子才能学得好啊！”苗苗妈妈说。

“对，这话不错，可是说起来简单，具体该怎么做呢？”有位家长发出了疑问。

“其实吧，这个我也不是很清楚，每个孩子不一样啊，不过，我们大家可以一起探讨一下啊！”

“我觉得……”

“我觉得……”

就这样，大家七嘴八舌地说了起来。

的确，正如苗苗妈所说的，孩子无论做什么，没有兴趣就没有动力，怎么会学得好呢？不过，孩子的兴趣需要我们家长引导和挖掘，具体来说，我们可以这样引导：

1.允许孩子在多领域尝试，并允许孩子犯错

当孩子在选择自己的爱好和兴趣时，父母应该给予其最充分的自主权，尊重并鼓励和支持孩子的选择。兴趣是最好的老师，任何孩子都具备一些潜能，而这潜能的开发建立的基础就是孩子的兴趣，而不是什么所谓的“热门”和“有用”。

家长要给孩子多领域的尝试机会，使其扩大接触范围，拓宽视野，这等于说给了孩子更广的空间去发现自己的兴趣点。

当然，对于孩子来说，他们在各方面的不稳定性，容易对事物“三分钟”热度，这是家长们经常谈的问题。父母对这阶段的孩子应该理解，不要认为孩子是“开玩笑”，而非“兴趣”，也不能不问青红皂白就直接判断孩子是不喜欢这个活动了。遇到这样的情况时，您应该先和孩子沟通一下，了解孩子内心的真是想法，问清楚孩子为什么不喜欢学下去了，是没有兴趣了？还是难度大？只有当明确了原因，您才能对症下药去解决问题。

同时，你要明白，孩子在追求自己的兴趣的过程中，也是

会犯错的。孩子有兴趣，并不代表孩子是天才，我们的孩子，可以说包括所有的比较优秀的孩子，他们往往总是按照“犯一个错误—认识一个错误—改正一个错误”成长起来的。所以，我们必须允许孩子犯错误和改正错误。

2.善于观察，发现其兴趣和天赋，善加引导

在孩子年幼时，他们什么都想尝试，这时是我们培养其兴趣和爱好的重要时期，但人都是有差异的，孩子也不例外，不同的孩子，自然会有不同的兴趣。作为家长，不要有跟风心理，不要认为谁家孩子学什么有什么成就，就让自家孩子学什么，也不要轻易否定孩子的兴趣，而应该善于观察，发现他们的兴趣和天赋，因势利导，因材施教，使孩子的兴趣沿着积极、健康的方向发展。

但家长要注意：首先得和孩子有充足的时间在一起，才能谈得上去观察。您可以利用休息时间，与孩子一起去购物、运动、阅读，参观博物馆，甚至是一起做家务，一边能与孩子交流感情，促进亲子关系的良好发展，一边还能了解到孩子感兴趣的事物。

另外，孩子有时候会在别人面前表现出您不曾见过的一面，所以了解孩子的兴趣爱好，您还可以参考从孩子的老师、爷爷奶奶、外公外婆那里获得的信息。

3.帮助孩子扩展视野，从而激发孩子的兴趣和爱好

孩子如果没有机会接触世界上各种奇妙的事物，他们很难

对外界发生兴趣，父母也就可能很难找出孩子的兴趣。因此，父母应该创造机会扩展孩子的视野。

当孩子还小的时候，孩子的兴趣和爱好可能仅限于那些玩具、娃娃上，其中有个很重要的原因是孩子的视野小，孩子如果眼界太小，是很不容易明确自己的爱好和兴趣的。对此，父母可以经常带孩子出去走走，也可以常带孩子逛书店、买书，并经常在家里读书看报，向孩子讲述书中有意思的故事、娱乐性的内容或科普知识等；也可以带孩子去听一些音乐会、看绘画展等，让孩子感受艺术的气息，培养孩子的艺术修养。

4.要善于对孩子进行表扬和鼓励

家长是孩子心目中的第一任权威评价者，他们渴望得到家长的肯定。如果家长总是打击孩子，有可能摧毁其求知欲。因此，当孩子做得好时，家长可以适时表扬，可当孩子做得不好或者失败时，要先发现孩子有创造性的一面，然后再鼓励他们。无论孩子表现得多么笨拙，无论他把事情做得多么糟糕，做家长的都不要求全责备，而应该细心引导，从心理上给予孩子关心和鼓励，保护和激发孩子的兴趣。

家庭美育是一门学问，如何培养孩子的兴趣、爱好，发展其个性特长是家庭美育的核心和重点内容，当然，培养孩子兴趣、爱好和特长的方式、方法很多，不能一概而论，每位家长应根据自身不同的条件和孩子的不同表现，因人而异，因材施教，这样才能获得成功！

来陪我一起玩吧——与孩子一起做他感兴趣的事

作为父母，我们都知道，尊重孩子的兴趣很重要，且他们对孩子的兴趣是持支持态度的，但是却很少有父母和孩子一起做他感兴趣的事，至于原因，他们会说，大人的兴趣孩子的差距太大了。孩子对这个世界充满好奇，而他们那些细小的兴趣在大人看来是无知且无趣的，但实际上，这并不是真的认可孩子的兴趣，如果我们能对孩子的兴趣予以关注，并能够和孩子一起做他感兴趣的事，那么这对孩子来说无疑是一种认可和支持。如此一来，孩子才能更加专注于自己正在做的事情。

被称为“钢琴诗人”的肖邦，父母都是音乐爱好者。肖邦从小就受到双亲的影响，对音乐特别感兴趣。刚开始的时候，父母并不想让肖邦去学音乐。

但是，当他们看到小肖邦一旦听不到音乐就会哭，刚满4岁就要姐姐教他钢琴时，父母就意识到这孩子有音乐的天赋。

因此，在肖邦4岁的时候，父母就让他正式从师学习钢琴。得到了父母的支持，小肖邦学得很快，也很投入，从而成为了一名音乐神童。在19岁的时候，肖邦就创作了《钢琴协奏曲》而一鸣惊人。

如果说每一个做父母的都能像肖邦的父母那样，能够迅速及时地捕捉住孩子的天赋，顺势引导，就能为孩子的成才打开通道。

我们再看著名画家达·芬奇的成才之路也可以发现，就是在他父亲彼特罗的支持下完成的。

达·芬奇出生在一个富裕的家庭，他一直很喜欢大自然的美景，且他一直想要将大自然的美丽景色呈现出来。他经常坐在草地上画那些昆虫、树叶等，对于这些在外人看起来很奇怪的爱好，他的父亲不但没有指责，反而给予儿子肯定与支持。在父亲的帮助下，达·芬奇很快在镇子里成了“小画家”。

一次，有位浓民交给达·芬奇的父亲一块木板，希望达·芬奇能在上面作画。达·芬奇将木板刨平，用锯做成盾牌的模样。等完成之后，他便在上面画了自己最熟悉的小动物。画成后，他拿去给父亲看。父亲看到画面不但结构合理，而且很逼真，画上的动物，诸如蛇、蝙蝠、蝴蝶、蚱蜢等小动物就像是真的一样。父亲高兴极了，决心支持孩子去学画画。

在父亲的大力支持下，达·芬奇更加投入到了绘画的学习当中，在绘画的世界里，他如鱼得水，后来还成了维罗奇奥的弟子。维罗奇奥是当时著名的画家，在他的指导下，加上达·芬奇自身的努力，终于成就了达·芬奇的不凡成绩。

很显然，达·芬奇的成功有很大一部分原因来自于父亲的支持。在现实当中，你是如何对待孩子的兴趣的？在孩子表现出对某一事物浓厚的兴趣时，你有没有愉快地参与进来？在孩子全身心地投入到自己感兴趣的事情中时，你会不会任意打断？

我们唯有给孩子支持并陪伴他做他喜欢的事，他才能感受到鼓励，也才让他专注地将一件事坚持到底。

有不少父母总是抱怨，自己经常和孩子一起做事，可收到的效果却不尽如人意。事实上，当父母陪孩子做他并不喜欢的事情时，是很难取得理想效果的。所以说，最重要的不是父母花了多少时间陪孩子，而是是否和孩子一起做了他喜欢的事。

比如，当父母下班回家后，陪孩子一起画画，一起唱歌，一起就某个他感兴趣的问题展开一番讨论，或者一起看场球赛，一起去电影院看一场电影，等等。这些事情或许花费不了父母多长时间，但是因为父母的加入，孩子会更加投入，也更加快乐！

为此，在日常的家庭教育活动中，我们父母可以：

1.参与孩子到未知世界的探索中

孩子对这个世界是充满好奇心的，总想摸一摸这个，看一看那个，他们就像是天生的探险家，对于未知有着浓厚的兴趣。有的家长可能觉得孩子这样很调皮，但其实，这是引导孩子的最佳机会。

有时候，孩子的一些行为看起来很危险，但是这并不能成为扼杀孩子天性的理由。如果想要孩子健康成长，那么父母不妨参与到孩子的探索当中。这个过程既保证了孩子不会偏离方向，又能趁机引导孩子学习，是一举两得的事情。

而且，父母的参与和支持能够让孩子对兴趣持之以恒，还有利于亲子关系。

2.将孩子的兴趣与知识学习结合起来

培养孩子的兴趣，尊重孩子的兴趣，归根结底还是为了让孩子能够在此基础上有所发挥，将来能够取得好的成绩。因此，聪明的父母会想办法把孩子的兴趣和学习联系起来。

比如，孩子喜欢做游戏，那么我们可以告诉孩子，要想成为游戏高手，不但要多玩，更要将语文、数学、英语等科目学好，以后也有可能游戏设计大师，孩子自然会产生更浓厚的兴趣。

比如，孩子喜欢玩扑克牌，一些父母认为孩子这么小就喜欢赌博，于是大声制止，但其实，我们完全可以引导孩子锻炼他们的口算能力，这样孩子就会产生对数学的兴趣；也可以通过猜谜语等形式教孩子认识、理解字词；可以通过玩卡片的形式与孩子一起学习英语单词。这样一来，就会让孩子将兴趣和学习知识相结合，也就不容易感到学习是一项沉重的负担了。

总的来说，生活中，有一些父母对孩子的兴趣是持支持态度的，不过只有很少的父母能够和孩子一起做他感兴趣的事。实际上，这种做法不但能拉近亲子之间的距离，而且能让孩子做起事来更加专注。因此，父母们还是积极行动起来吧，参与到孩子感兴趣的事情中去，相信会收到意想不到的效果。

这个真好玩——将孩子对学习以外的兴趣与学习联系起来

常言道，兴趣是最好的老师。我国古代大教育家孔子曾说，“知之者不如好之者，好之者不如乐之者”，可见兴趣对学习的引领、加强作用。而德国文学家歌德说过，“哪里没有兴趣，哪里就没有记忆”。可见，没有了兴趣，也就没有了学习，兴趣对学习起基础、决定性作用。如果孩子不能主动、积极地学习，那么，学习效率就会低下，这是为什么呢？我们首先来看看兴趣对学习的积极作用：

首先，兴趣会在大脑皮层产生兴奋，此时，脑神经就会处于积极的工作状态，学习就不再是一种负担，反而会处于一种陶醉或享乐之中。自然，学习、记忆效率就高。根据我们的经验，学习感兴趣的材料时，会忘记时间的流逝；而学习枯燥乏味的材料，感觉时间很漫长。

其次，兴趣会使学习者保持高度注意力。根据心理学实验，不同年龄的人保持注意力的时间是：7~10岁为20分钟，11~12岁为25分钟，12岁以上为30分钟。如果对学习材料发生浓厚兴趣，保持注意力的时间会大大延长。

再者，兴趣还能引起学习者对学习对象的认真观察和积极思考，多问几个“为什么”，探究其所以然。积极的思考对学习大有益处。据资料介绍，饱满的兴趣可以激发脑肽的释放，而该物质是记忆与学习的关键性激素。

最后，兴趣能挖掘出学习者的内在潜力。兴趣人作为一种生物，所有的行为都是直接或者间接按照自己意志去行动的，而这一切都必须要有足够的动机——外界的压迫或者一时的发愤可以暂时充当这种动机，但是任何纯被动的行为是无法持续太久的。只有有了内在的动力——兴趣，学习的行为才能够高效地持久下去。事例中的王晓丽虽然学习努力，但成绩一直提不上去，就是因为她是被强迫的学习，而不是出于兴趣，发自内心的学习。

彤彤有个同学叫王晓丽，不怎么喜欢与人交流，即使下课时间，她也是趴在桌子上看书。但奇怪的是，几次考试下来，她的成绩都在班上的中下游水平。就连班主任老师都不知道为什么，老师也偶尔会看看她的笔记，她的笔记很工整，每一个知识点都记得清清楚楚，每个经典习题也都解答得很清晰。

后来，开家长会后，班主任老师单独地和王晓丽的家长谈了谈，当时王晓丽也在场。

“晓丽同学，你能告诉老师，为什么你学习这么刻苦，成绩却不见提高呢？”老师说完，王晓丽看了看她妈妈，好像不敢说的样子。老师好像看出了这点，就鼓励王晓丽说：“有什么话你今天就当着老师和妈妈的面说清楚，这对你的学习有好处啊。”

“其实，我对学习根本就没什么兴趣，每次，我都是强迫自己背单词、做数学题，因为每天回家之后，妈妈都会检查我当天的学习情况，我只能这样。”王晓丽说完，还是朝妈妈看了一眼。

“哎，这年头，我们大人为了孩子，付出了一切，可是，我们真的不知道孩子要的是什么，就跟我们家晓丽一样。我也知道，每天回家后，虽然她表面上看在学习，但心思却不在书本上。”王晓丽妈妈说。

“我大概知道你们家晓丽学习成绩上不去的原因了，因为她对学习提不起兴趣，所以花的时间虽然多，但却没有什么效率。”老师继续说：“作为家长，你现在要做的，就是激发孩子的学习兴趣了。”

因此，作为家长，要想孩子集中注意力学习，能高效地学习，就要激发孩子的学习兴趣。我们经常会听到家长说孩子对学习没有兴趣，就是对玩感兴趣，那么，如何才能让孩子对待学习就像看电视、玩游戏那样投入呢？

1.尊重孩子的兴趣，引导孩子培养高尚的兴趣倾向

为了望子成龙，有些做父母的对孩子寄托了很大的希望，他们会千方百计地想让孩子学得好，懂得多，于是，他们把孩子的周末安排得满满的，同时，他们还按照自己的主观意志去

“规定”孩子的兴趣，而不是尊重孩子自身的学习兴趣的发展规律培养孩子，这样往往会延误孩子的发展。孩子不按照自己的学习兴趣去学习的话，学起来会很辛苦，学习效率自然无法提高。如果我们能按照孩子的学习愿望去学习，把“望子成龙”修改为“望子成器”，让孩子拥有自由发展的空间，效果可能会更好。

2.对于年龄较小的孩子，可以利用好奇心激发他们的学习兴趣

孩子对任何事物都是好奇好问的，大人要充分利用孩子好奇好问的特征来激起孩子对学习的兴趣。例如，有的孩子把家里的遥控器拆开，对家长不听询问，如果家长不了解孩子这些特征把孩子的这些行为看成捣乱，直接批评孩子，就会损伤孩子智慧的萌芽，挫伤他们的求知欲。对待孩子的提问家长要采取积极的态度，就算不会也要稍后弄明白再告诉孩子，千万不能敷衍孩子欺骗孩子。

3.把孩子对知识学习以外的兴趣与学习联系起来

可能很多家长说，孩子除了对学习没兴趣外，对其他事都有兴趣，如看电视、玩游戏等，这也就是孩子的“热点”，你要试着将孩子的热点转移到学习上来，比如，如果你的孩子希望当个作家的话，你得告诉他：“只有努力学习，掌握理论知识，才能提升自己，才能朝着梦想迈进一步。”其实，每个孩子心里都有一个梦，作为家长，要注意把孩子的原有兴趣与知

识学习联系起来，将兴趣引导到学习上来，以培养和激发新的兴趣。

4.找到孩子不喜欢学习的原因，对症下药

孩子不喜欢学习的原因非常复杂。如果我们加以探讨就会发现实际上并不是孩子不喜欢读书，而是某种因素导致的，如基础差太吃力赶不上，上学被老师批评了对老师有抵触情绪，读错了字遭同学的讥笑，想看电视却被迫写作业，等等。这些原因逐渐在内心堆积起来后，孩子便渐渐对学习失去了兴趣。

我们父母首先要和孩子自由沟通，以温和的态度和孩子探讨为什么不喜欢学习。父母了解他的问题所在，就要为他解决。对于因学习困难而对学习不感兴趣的孩子，家长要耐心地帮助孩子找到困难的原因，帮助孩子掌握科学的学习方法。

孩子学习动机的形成，最好不是灌输，要自觉形成，而这，就需要父母激发孩子的学习兴趣，也只有这样，孩子才能高效地学习！

陪我来做这个游戏吧——与孩子一起做提升注意力的游戏

现代家庭中，在孩子的教育问题上，越来越多的父母开始认识到注意力对孩子的重要性，良好的注意力是儿童终生学习的有力保障，而注意力并非儿童天生具备的能力，通过后天的煅炼可以不断提升儿童的注意力水平。

然而，我们发现，孩子做事情有个很大的特点，那就是注意力不稳定，易分散，尤其是对自己不感兴趣的事情，更是不会投入注意力。因此，我们可以与孩子一起多开展一些游戏活动，通过游戏来提升孩子的注意力。

一位心理学家曾做过一个实验：他让孩子在游戏和单纯完成任务这两种不同的活动方式下，把各种颜色的纸分别装进与之同色的盒子里，并观察孩子的专注时间。

结果他发现，在单纯完成任务的情况下，4岁的孩子能坚持17分钟，6岁的孩子能坚持62分钟；而用游戏的方式装纸条，4岁的孩子能坚持22分钟，6岁的孩子能坚持71分钟，而且分放的纸条数量比单纯完成任务要多50%！

这个结果告诉我们，游戏能引起孩子极大的兴趣，同时也能让他的注意力更加集中、稳定。

小玲妈就是通过做游戏来提升女儿注意力的。

小玲刚上一年级，老师总是跟妈妈反映她上课注意力不集中，经常开小差。

为了提高女儿的注意力，妈妈想了一个办法，就是经常和她一起玩“注意看”的游戏。

游戏很有趣，妈妈手里抓着几支不同颜色的彩笔，然后晃动自己抓笔的手，问小玲自己手中的彩笔有哪几种颜色。

开始的时候，妈妈晃动的速度比较慢，让小玲有足够的时间去注意她手中的彩笔，后来妈妈的速度越来越快，到最后只是一眨眼的工夫。刚玩这个游戏的时候，小玲总是说得不准确，渐渐地小玲的注意力越来越集中说得也越来越准确。在这个游戏中，小玲做事的专注力无形中得到了提升，这使得女儿不管是在课堂上听课，还是在家写作业，都越来越专心、认真。

可见，孩子如果想在游戏中取胜，就必须努力集中自己的注意力，克制自己不让注意力分散，这样获胜的概率才会更高。所以我们平时可以鼓励孩子多玩一些提升注意力的游戏，也可以像案例中小玲的妈妈那样，与孩子一起玩提升注意力的游戏。

那么，哪些游戏可以提升孩子的注意力呢？下面我们举出几个例子：

1.玩拼图

准备色彩鲜艳的拼图块，把拼图块打乱，记录一下孩子需要多长时间才能拼好。玩拼图不仅可以培养孩子的注意力，还能让他做事更有耐心。

2.摞杯子

准备5～6个颜色各异的塑料杯子，让孩子一个一个地往上摞。提醒他，不要将杯子弄倒。这可以有效延长注意力的时间，还能培养他的调控能力。

3.卡片配对

准备几对不同图案的卡片。妈妈从里边抽出一张卡片，让孩子迅速找出另一张相同的卡片。这对培养孩子的注意力和观察力很有益处。

4.盖瓶盖

这是一个配对游戏，家长把家里的各种空塑料瓶的瓶身和瓶盖放成两堆，让孩子来配对，给瓶子“戴上合适的帽子”。瓶盖的大小要区分明显，在动手操作中加强孩子观察的注意度，同时还能锻炼小手的肌肉。当然如果孩子拧盖子太困难时，我们可以先要求孩子把盖子扣上。

5.听声音猜乐器

先展示三种小乐器，如小鼓、小喇叭、口琴，并分别演奏，让孩子熟悉各自的发音特点。然后蒙住眼睛，弹奏一种乐器，让孩子猜猜是哪种乐器。

6.找积木

（1）准备若干块颜色不同的积木，在家里有一组抽屉的柜子前放好。

（2）家长扮演木偶对孩子发出指令，“请把绿色的长方形积木装进第二个抽屉里”，“把红色的圆圈积木放进第一个抽屉里”。

（3）孩子放好后，请他把积木找出来，找的时候一次只找一块，这样孩子就需要调动自己的注意力和记忆力。

（4）孩子和家长互换角色来玩，可以提高孩子的积极性。

小贴士：可以用球、娃娃等玩具代替积木。一开始物品可以少几样，根据熟练程度再慢慢增加玩具数目。

7.什么东西不见了

（1）在桌上摆放几件玩具，如布娃娃、玩具熊、小皮球、积木。

（2）让孩子说出玩具的名称，并在短时间内记住。

（3）让孩子闭上眼睛，家长拿走其中一样或几样玩具，再让孩子睁开眼睛，问他："什么东西不见了？"让孩子集中注意力去回忆。

（4）家长和孩子互换角色玩，这个游戏和找积木一样，可以锻炼孩子在短时间内集中注意力，抗干扰。

注意力是孩子认识世界的第一道大门，是感知觉、记忆、学习和思维等不可缺乏的先决条件。在日常生活中，一些孩子出现注意力不集中，在课堂上好动、爱做小动作、发脾气、不自信、爱捉弄人等时，我们就要引起重视。为了帮助家长朋友提升孩子的注意力，我们可以带领孩子一起做以上我们给出的集中游戏，这些游戏简便易行、效果明显，希望帮助孩子们更好更快地获得进步！

第06章 加强孩子的时间观念，强有力的时间意识能提升专注力

现代社会中，不少孩子是家中的小皇帝、小公主，父母的包办和安排让孩子不会合理安排自己的时间，很多家长常常会面临这样的情况：孩子写作业时，总是玩玩这个，搞搞那个，让他做个手工，做着做着没了耐心，或者嫌太难，不想做了，一点毅力和耐心都没有；还有的孩子，压根儿就什么都不想做，简直就是个懒虫。这都是不会掌握管理时间的表现。我们在培养孩子的学习能力的同时，也要教会孩子如何支配和管理自己的时间，孩子只有认识到时间的可贵，懂得合理支配时间、利用时间，才能有紧迫性，进而提升做事的注意力和专注程度。

时间总是不够用——教会孩子做好时间管理

很多家长常常会面临这样的情况：孩子写作业时，写着写着没了耐心，或者嫌太难，不想做了，一点毅力都没有，然后你问他为什么没做完作业，他会说，时间不够用。其实，这就是孩子时间观念差的表现。时间观念差，孩子做事时就容易东张西望、注意力不集中，为此，我们要训练孩子的注意力，教会孩子有紧迫的时间观念，且要懂得管理自己的时间。那么，父母该怎么样培养孩子掌握时间管理的能力呢？

1.让孩子学会珍惜时间

可能很多家长会认为，孩子年龄还小，再让他玩几年，到了一定的年龄，他会知道学习的；还有一些父母认为孩子不能放过任何空闲的时间。这两种教育方法都是极端的，真正的珍惜时间，是指该学的时候就认认真真地学，不要去想另外任何的东西，该玩的时候就痛痛快快地玩，也不要去想学习。光玩不学不行，光学不玩不行，边玩边学也不行，社会不需要玩才，也不需要书呆子。

有一个孩子，他学习很努力，成绩也不错，父母对他很关心，但也要求严格。一回到了家，一切该做的作业做好了，还看完了课外书，准备看一会儿电视就睡觉。这时候爸爸来了，看到自己的儿子在看电视，就说：“你应该珍惜时间，努力学习，以后考上清华、北大。”而他也只好去书房看书了。

时间一天一天地过，他也这样一天一天地过……

这样的情景恐怕在很多有孩子的家庭都发生过，这些孩子将来到底会怎样，留下的是给家长的思考。让孩子努力学习，珍惜时间，但也要给孩子以空间，还时间于孩子，适当指导孩子合理安排属于他自己的时间。我们的孩子才会很快乐！

2.让孩子学会分出事情的轻重缓急

父母教会孩子把事情的轻重缓急分出来，让孩子在第一时间把那些必须且紧急的事情做完，再去做别的事情，这样合理利用时间，有利于提高效率。就拿写作业来说，父母可以试着让孩子调整写作业的顺序，一般先做简单的，再做有难度的。因为人的最佳学习状态应该是在学习的十分钟以后，口头作业和书面作业交替做，这样不会太乏味。

培培今年才10岁，却不需要爸妈吩咐任何事情。每个周末，培培早晨起来第一件事情就是摊开记事本，写下自己一天要做的事情，并且按照轻重缓急从上到下罗列开来。

接着，培培按照所罗列的任务单，从第一件事情开始做，做完一件事情才会接着做下面的事情。这样，根本不用大人督促，培培不但能很快地把作业做完，同时还有玩的时间，这令爸妈很高兴。

培培这个习惯还是从妈妈那儿学来的，妈妈是个业务员，每天把要做的事情都记下来，然后按照所写去做，通常不会把事情落下，效率也很高。培培在妈妈潜移默化的影响下，也养成了把一天的事情按重要程度罗列出来这个好习惯，并且受益不浅。

父母每天让孩子把一天的任务写下来，分出哪些是紧急要做的，哪些是次要的，哪些是必须要做的，哪些是可做可不做的等，进行一个先后排列，然后让孩子根据排列的先后顺序去做事，就会提高孩子的时间管理能力。

3.教会孩子统筹安排

会统筹安排，才会在同样的时间内做出更多的事情，提高时间的利用率。

美美与丽丽是二年级的同班同学，又是好朋友。一次轮到两人值日时，美美与丽丽比赛谁办事情的效率高。她们每人打扫一半教室，每人擦一半黑板。

比赛开始了，美美首先去打水，把水洒到自己要扫的一半教室里，然后在等待水干些的同时，去擦属于自己的那一半黑板。而此时的丽丽，急忙去擦黑板，擦完黑板后急忙去打水。这时的美美已经把黑板擦完了，而教室的地也刚好能扫了，就动手扫了起来。

丽丽把水洒在地上，却不能立即扫，她只有眼睁睁着看着美美把地扫完，而自己还没有动笤帚呢。丽丽此时才理解美美先洒水的用意，这样可以节省时间啊，她不禁暗暗对美美表示佩服。

对于一些年纪较小的孩子来说，他们做事情大多都是一件事情完成后再去做另外一件事情，父母要教孩子学会同时做几件事情，根据事件的特点与需要的时间学会统筹安排，这样能够节约时间。

4.帮孩子养成科学的作息规律

科学的作息规律，不仅有利于休息，还能提高做事的效率。父母根据孩子的特点，帮孩子制订一个合适的科学作息规律，会使孩子不但睡眠得到了保证，还能避免孩子在课堂上打盹，从而提高时间的利用率，加强孩子的时间管理能力。

目前，我们的孩子最需要的是自控能力和事情统筹能力的培养，当孩子学会自控的时候，就要让他学会统筹安排自己的时间和学习的顺序。孩子面临的事情往往是几件事都得做，或者都想做。那么怎么办？不是让孩子不做这件事而去做另外一件事，而是合理地安排时间，把事情都要做好。教会孩子学会管理时间，让孩子养成一种做事有条不紊的好习惯，同时也能提高他们的自信心和专注力。这对于孩子今后的独立生活大有益处！

学习娱乐两不误——固定时间学习，固定时间娱乐

生活中，我们父母经常听到孩子抱怨学习太累、休息时间不足，多想无忧无虑地玩耍，而我们也纳闷，除了学习什么都不让孩子做，怎么会累呢？其实，这是因为孩子没有合理规划好自己的学习和娱乐以及休息生活，并且，孩子心理负担重，就容易注意力不集中，学习效率下降的情况，为此，我们父母必须要明白，只有解除孩子心理负担，轻装上阵，学习和考试才能达到理想的效果。

所以，我们父母一定要让孩子学会劳逸结合，懂得放松自己。

从三年级下半学期开始，童童觉得自己很累，好像永远有做不完的作业，似乎永远有看不完的书，就连他最喜欢的电视剧，也没有时间看了。紧张的学习压力让他喘不过气来。

爸爸是个细心的人，他看出来儿子的变化，于是，他和妻子商量，带儿子出去玩一天。

在一个周末，童童一家三口一起去爬山，爬到山顶的时候，爸爸对童童说："当心理状态不佳时，你可以暂时停止学习，放松一下，有一些小窍门会起到立竿见影的效果，如深呼吸、绷紧肌肉然后放松、回忆美好的经历、想象大自然美景等。另外，平时学习的时候，也不能太努力了，一定要注意劳逸结合，学习之余可以去上网、爬山、聊天、听广播、看电视

甚至蒙头大睡，这样既可以暂时转移注意力，也可以缓解大脑的缺氧状态，提高记忆力。这些方法都可以释放内心的压力，记住，劳逸结合，学会缓解才能学习得更好。”

“谢谢爸爸，我知道该怎么做了。”

作为父母，尽管我们知道学习对于孩子的重要性，但不可一味地为孩子加压，压力越大，孩子越容易产生心理负担，反而适得其反。那么，我们如何教会孩子合理规划时间，做到学习娱乐两不误呢?

1.告诉孩子要劳逸结合

孩子学习努力是好事，但不能不注意太过疲劳，你应该告诉孩子：首先要保证睡眠，晚上不开夜车。如果睡眠不足，要抽出时间补回来。另外，要适当参加运动。若时间允许，可在平时唱唱歌、跳跳舞或者参加一些集体娱乐活动。在看书做作业中间，做做深呼吸、向远处眺望等。

2.与孩子制订学习休息表

告诉孩子该学习的时候学习，该玩的时候玩。一位孩子说：“我和妈妈做了一个时间表，周一至周五毫无疑问的是学习，一直到周六下午完成老师布置的作业在加上课外的练习，周日妈妈才会带我出去玩，在玩的过程中也能学到东西。”

3.没必要补课

那些成绩好的孩子都坚持一个观点——没有必要补课。的确，学习讲究的是方式、方法，打疲劳战术是最不可取的，尤其是对于中小学来说，根本没必要将所有时间都投入到学习中，只要课上认真听讲，多和同学交流，把错误的题及时弄会，是很容易学好知识的。

4.留出一些机动时间

有些人觉得，忙碌的一天才是充实的一天，为此，他们会将自己一天的时间安排得满满的，但一遇到突发事件，就手忙脚乱了。其实，我们应该告诉孩子，要学会合理规划时间，留出一些时间处理突发情况；而即使没有出现这些突发时间，也能给自己一个放松和休息的机会。

5.带孩子出去走走，回归自然

作为父母，我们不妨多抽出一点时间，陪着孩子多出去走走，让孩子感受一下自然的伟大和神奇，尤其是那些山清水秀的地方，更是排放心理压力的好去处，在神奇的自然面前，所有的一些烦恼事都会烟消云散。

6.体力排放法

体力排放，也就是人们常说的运动法排放压力，这里的运动包括很多种，可以是力量型的运动，如长跑、打球、健身等，也可以是智力型的运动，包括下棋、绘画、钓鱼等。从事孩子喜欢的活动时，不平衡的心理自然逐渐得到平衡。

7.鼓励孩子与人交往，走出狭小的生活圈子

生活中，人们都有压力，也就有一条自己减压的方法，但通常，人们都会选择与人交往的方法，因为当你融入人群的

时候，你会有种感觉：大家都跟我一样有压力，就看谁能够调节过来。当你认为你跟大家都一样的时候，你的压力马上就会减轻。

8.对于年龄较小的孩子，要注意方法，最好能寓教于乐

生活中，就有一些父母，在孩子很小的时候，就想让孩子识字，但他们却不讲教育方法，仅仅在纸上写几个字，就让孩子照葫芦画瓢，进行模仿。这样教育，孩子毫无兴趣，自然也学不好。而父母便认为孩子是在偷懒，往往采取惩罚的手段。这样的教育方法，只会让父母累，孩子苦，但收效甚微。这种教育方法还会造成孩子的逆反心理，在将来上了学后，也会对学习发怵，甚至出现逃学的行为。

因此，对孩子进行早期教育，我们一定要重视方法，最好能寓教于乐，因为对于婴幼儿阶段的孩子来说，本身他们大部分的时间都在玩中度过的。因此，当你的孩子开始在草地上摸爬滚打的时候，千万不要喝止孩子，这是引导孩子掌握平衡和灵活性的最佳时期。如果你的孩子大一点了，你可以放手让他和同龄孩子参加游戏。

这样，在玩乐中，智力、想象力、创造力、与人交往的能力等都得到了锻炼，这些都是将来接触社会时必须掌握的。

因此，我们可以说，让孩子在婴幼儿时期有充分的玩的机会，对于孩子的智力和非智力因素的发展都是极为重要的，同时，也能避免孩子出现某些身心上的障碍。

总之，我们父母要明白，孩子的学习单纯靠挤时间是没用的，你必须记住世界上有比时间更重要的东西：效率。因此，我们一定在告诫孩子努力学习的同时，帮助他们学会如何充分利用时间，并且做到该学习的时候学习，该娱乐的时候娱乐，这样也能做到学习娱乐两不误。

我记忆力太差了——帮助孩子寻找适合的记忆方法

作为家长，我们发现，记忆力差是很多孩子苦恼的事情之一。课上学的知识很快就忘记了；有时候一个单词本来已经熟练地记下了，可转眼就不认识了；做事丢三落四……这就是记忆力差的表现，然而，孩子为什么记忆力差呢？一方面是孩子记忆方法不正确，还有个重要原因就是记忆时注意力不集中，越是不专注，越是记不住，相反，做到学习手脑并用且认真专注的孩子，记忆力更强。为此，很多记忆专家指出，注意力与记忆密切相关，增强孩子记忆力的方法与提升孩子注意力的方法有异曲同工之妙。我们来看下面的案例：

这天放学后，毛毛回到家，妈妈赶紧叫住他，对他说：“儿子，上次听你说你最近记忆力很差，好像记不住知识点，是吗？”

“是啊，我都怀疑自己会得健忘症。”

“不是，学习压力大了是会这样的，昨天我特意加了单位张姐女儿的微信，那孩子是去年我们市的文科状元，我请教了一下她的记忆方法，她说可以用目录记忆法和闭目回想法。具体是什么，我不懂，不过她已经传给我具体的操作方式了，你看看。”

说完，妈妈拿出手机，给毛毛看具体方法。

目录记忆法：首先不要直接背内容，先把大目录背牢，然后再背小标题。这样体系建立了，各历史事件的关系也更明了，对整本书的理解也会加深。在背目录和小标题的时候会有很多新的领悟，直接背史实是很难体验到的。

闭目回想法：先闭上眼睛，然后回想书上某页的画面，然后你可以自己去填充里面的具体内容了。如果发现有个地方怎么也想不起来，就马上翻书，仔细的把这个盲区“扫描”一遍，然后继续闭上眼睛回想下面的内容。这种方法对于加深记忆非常有效。

提高记忆力的过程，实际上也就是克服遗忘的过程，培养良好的记忆能力也不是什么不可能的事，只要你能在学习活动中进行有意识的锻炼。以下是八种增强记忆的方法：

1.兴趣学习法

兴趣是最好的老师，这话并不是毫无根据的。如果你对学习毫无兴趣，那么，即使花再多的时间，也是徒劳，也难以记住那些知识点。

2.理解与记忆双管齐下

理解是记忆的基础。只有对知识点加以分析，然后理解，真正了熟于心，才能记得牢、记得久。仅靠死记硬背，则不容易记住。对于重要的学习内容，如能做到理解和背诵相结合，记忆效果会更好。

3.科学用脑

在保证营养、积极休息、进行体育锻炼等保养大脑的基础上，科学用脑，防止过度疲劳，保持积极乐观的情绪，能大大提高大脑的工作效率。这是提高记忆力的关键。

4.集中注意力学习

其实，课堂上的时间是最好的学习和记忆时间，充分利用好了课堂时间，课后只要稍花时间，加以巩固，就能真正获得知识。相反，如果精神涣散，一心二用，就会大大降低记忆效率。

5.及时复习

遗忘的速度是先快后慢。对刚学过的知识，趁热打铁，及时温习巩固，是强化记忆痕迹、防止遗忘的有效手段。

6.多回忆，巩固知识

要真正将某项知识记牢，就要经常性地尝试记忆，不断地回忆，这一过程要达到的目的是，可使记忆错误得到纠正，遗漏得到弥补，使学习内容难点记得更牢。

7.读、想、视、听相结合

可以同时利用语言功能和视听觉器官的功能，来强化记忆，提高记忆效率，比单一默读效果好的多。

8.掌握最佳记忆时间

根据孩子的具体情况，确定最佳记忆时间。抓紧这段时间记忆难记的学习材料，效果较好。

总之，知识的积累，就像建造房子，从砖到墙、从墙到梁，是一个循序渐进的过程。作为家长，我们也要告诫孩子，在学校的时候也一定要掌握一定的方法，虽然复习的时间不需要很长，但效果会很好，磨刀不误砍柴工，就是这个道理！

我不是故意失约的——孩子不守时的行为要及时纠正

前面，我们已经提及，作为父母教会孩子学会时间管理的重要性，且要让孩子学会珍惜时间，但同时，我们还要让孩子明白，我们不仅要珍惜自己的时间，也要同时珍惜他人的时间，其中就包括守时。然而，在很多父母看来，孩子不守时无伤大雅，但我们要知道，一个守时的人，才能真正地取信于人。

的确，当今社会，诚信的重要性已经日益凸显，守信也是与人打交道、合作的第一原则。我们若想在人际交往中站住脚，就必须培养成自己说到做到的好习惯，对于我们的孩子来说也是如此。

因此，我们在培养孩子良好的时间观念的时，要把守时作为培养的重要方面，并且要贯穿到孩子现在的学习和生活中。只有历练出一个“言必行，行必果”的人，才能以迷人的性格形成一种人格魅力。我们来看看下面这个故事：

宋庆龄的父亲叫宋耀如，母亲叫倪桂芝。

一个星期天，宋耀如准备带着全家去朋友家做客，早上，大家都收拾好准备出门了，而宋庆龄还在钢琴前弹奏。

母亲在门口说：“快点啊，孩子们，大家都等着呢！”

听到妈妈的喊声，宋庆龄正准备起身出门，突然止住脚步。

看到女儿不出门，宋耀如疑惑地问：“怎么了？”

“今天我不能去伯伯家了！”庆龄有些着急地说。

“为什么不能去，孩子？”倪桂芝望着女儿说。

“妈妈，爸爸，昨天我答应了小珍了，她今天要来我家，我教他叠花。”庆龄说。

听了女儿的回答，宋耀如笑了笑说：“我原以为有什么非常重要的事情呢？这好办，以后再教她吧！”父亲说完，便拉着庆龄的手就走。

“那怎么行呢？小珍来扑空了会失望！”庆龄边说边把手

从父亲的大手里抽回来。

“那也没事啊，等你做客回来，去小珍家解释下不就行了吗？”妈妈说。

“不！妈妈，上次您说做人要一言既出驷马难追呢，我答应了别人的事，怎么能随意更改呢？”宋庆龄有些着急地说道。

妈妈望着女儿斩钉截铁的样子，笑着说：“我明白了，我们的罗莎蒙黛是一个守信用的孩子，不能自食其言是吗？那么，好吧，那就让我们的罗莎蒙黛留下吧！”

随后，宋耀如带着家人去做客了，只是吃过午饭后，他们就回家了，因为他担心一个人在家的宋庆龄。一进门，宋耀如高声喊道：“亲爱的罗莎蒙黛，你的朋友小珍呢？”

宋庆龄回答说：“小珍没有来，可能是她临时有什么急事吧！”

“没有来，那我的小罗莎蒙黛一个人在家该多寂寞呀！”倪桂芝心疼地对女儿说。

“不，小珍没有来，虽然我一个人待了一上午，但是我还是很开心，因为我信守了诺言。”宋庆龄说，看到女儿这么重承诺，宋耀如夫妇满意地点了点头。

看完这个故事，我们不得不承认，宋庆龄是中华儿女敬佩的女性，小时候的她就是个信守诺言的人。

一个人守时，换来的就是他人的信任，自然也就能获得大家的尊重，反过来，如果一个人无故迟到或失信于人，那么，失去的是自己的信誉。所以，失信于朋友，无异于失去了西瓜捡芝麻，得不偿失的。为此，在守时这一问题上，我们要这样教育孩子：

1.在日常生活中就要增强孩子的责任感

我们一定要让孩子明白，做人做事一定要“言必信，行必果”，因为只有这样，人才能有进步。因此要做到讲信义，就必须加强做人的责任感。如果你无法赴约，那么，最好不好事先不要答应别人。

2.告诉孩子作出承诺要三思而后行

我们要让孩子知道，你一旦答应别人赴约，那么，就一定要努力实现，即使你很难做到，你也不能食言。如果真的出现意外状况而不能及时赴约，那么，要放下面子，及时诚恳地向对方说明实际情况，请求谅解。

3.及时纠正孩子的不守时行为

人都犯过错，包括不守时。我们的孩子也是，当发现孩子的不守时行为后，要让孩子认识到行为的错误性，主动找对方道歉。

的确，生活中，我们发现，越是守时的人，信誉就越高，越能获得人们的真诚信任。在生活中，我们成人也要为孩子做好守时的而榜样，对别人要讲信用，负责任，与人约会，约定好的时间就一定要出现，如果出现意外情况，一定要给予说明。

总之，作为父母，在孩子年纪还小时，我们不但要督促他们赶快积累知识和财富，同样也要注重对孩子德行和修养的培养，其中就包括守时，而对于孩子不守时的行为，一定要及时纠正。

我就是不想动——培养孩子的自动自发性

“可怜天下父母心”，普天下的家长都希望自己的孩子能让自己“省心”，希望孩子能主动地学习，也希望孩子能以健康的心态交往，能“吃得开”“玩得转”，这样的孩子就是自动自发力强的孩子。所谓自动自发的孩子，就在他们无论是在学习、生活，还是在为人、处事等方面，在没有人告知的情况下，都在做着恰当的事情。他们所做的事情，没有人提醒，更没有人要求，完全是他们在自主意识支配下的自觉行为。同样，我们所说的提升孩子的注意力，也与孩子的自动自发性有很大的关系，自动自发性强的孩子，更能坐得住、学得好，在没有人监督的情况下，也能认真学习。

两次获得诺贝尔物理奖的居里夫人，出生在波兰，她三四岁就常常专心致志地听哥哥姐姐念书，并很快学会看书，一首诗，只要看两遍，就能一字不差地背诵出来。六岁就进入一所私立小学学习。尽管她比周围的同学年龄小两岁，但她却是一个出色的学生，功课永远第一。她读书非常专心，不管多么喧哗，吵闹，她都能双肘扶案，手指堵住耳朵，全神贯注的读书，仿佛周围的一切都不复存在。居里夫人幼年时的这种自控能力也是表明她有很强的自我意识。

遍翻中外名人传记，大都记有儿提时较高的自动自发性，这也是自制力的一种。要知道，这会成为孩子日后成人成才的必备素质。凡事积极主动的人才能抓住成功的机遇，并能得到他人的欢迎与尊重，成为周围人心目中招人爱、惹人疼的人，他们身上有很多令人叹为观止的优点。于是，培养孩子的自动自发力成为每个家长的必学功课。

小涛的爸爸妈妈是科研工作者，从小，他们就培养了小涛严谨的学习和生活习惯。虽然小涛只有10岁，但是他却不需要爸妈吩咐任何事情。每个周末，小涛早晨起来第一件事情就是摊开记事本，写下自己一天要做的事情，并且按照轻重缓急从上到下罗列开来。

接着，小涛按照所罗列的任务单，从第一件事情开始做，做完一件事情才会接着做下面的事情。这样，根本不用大人督促，小涛不但能很快地把作业做完，同时还有玩的时间，这令爸妈很高兴。

小涛的爸爸妈妈也有这一习惯，他们会把每天要做的事情都记下来，然后按照所写去做，通常不会把事情落下，效率也很高。小涛在爸爸妈妈潜移默化的影响下，也养成了把一天的事情按重要程度罗列出来这个好习惯，并且受益不浅。

故事中的小涛就是个自觉地孩子，很明显，任何一个孩子，一旦懂得珍惜时间、自觉学习，就能高效地学习，并能养成好的做事习惯，从而受益终身。

而在现实生活中，我们看到的是，随着物质水平的提高，很多家庭养出了很多的小皇帝和小公主，更别说有自觉意识。现实生活中，也有诸多家长在抱怨孩子越来越难以管教，费尽九牛二虎之力，孩子依然不懂事、德行差、依赖性强、学习成绩不尽如人意，等等。他们一方面责怪孩子天生就笨，不争气；另一方面又埋怨自己教子无方，心有余而力不足。究其原因，不是孩子天生就笨，家长能力不够，也不是他们不爱自己的孩子，更不是他们不愿让孩子得到最好的教育，恰恰相反，正是家长这份爱，这份无边的爱，什么都为孩子包办，不仅使孩子缺少自主表露的机会，而且使家长在无怨无悔的爱的付出中忽略了对孩子动手能力的培养，扼杀了孩子自主自发地独立解决问题的机会。

的确，教育就是培养习惯，好的习惯成就好的性格，良好的行为习惯要从小培养，您若不想自己的孩子成为小霸王、小懒虫、小磨蹭，明智的做法是不做“有求必应”的父母。

自动自发力强的孩子，具有高度的自觉意识，他们有主见、有创意、懂回报、有爱心、会学习、会思考、会交往、乐观自信、坚强不屈等数不胜数的闪光点，而这种能力的培养，需要我们从小对孩子进行教育，让孩子自主应对学习和生活中的低潮与挑战，让孩子有能力去经营一个成功与快乐并存的美好人生！

东西又找不到了——教会孩子做事有计划、有条理

当今社会，生活节奏已经日趋加快，只有条理性、计划性地安排生活、学习和工作，才能有将生活安排得有条不紊。而有条理、有计划地做事，也能训练孩子的专注力，然而生活中很多父母对此并没有引起重视，对孩子的事大包大揽，为孩子安排好一切，这样，怎能锻炼孩子做事的条理性呢？

“妈妈，我的芭比娃娃放哪儿了？您快帮我找找！”小雨大声地喊着。过了一会儿，妈妈又听见小雨在自言自语：“我的拼图呢？”妈妈心想，小雨都快5岁了，还总是这样，做事情时一点儿条理都没有，以后可怎么办呢？

生活中这样的情况并不少见，常有爸爸妈妈们抱怨，说孩子经常把东西扔得到处都是，永远也找不到自己想要找的东西。其实，这可能是父母们在最合适的时期，没有及时训练及培养孩子做事有条理的好习惯。那么，为什么孩子做事没有条理呢？

对于四五岁的孩子来说，其神经系统发育还不完善自我控制的能力较差，常常一件事没做完就又想着另一件事了，做事情不能善始善终，显得没有条理。

孩子做事没有条理，不仅与家长的教育方式有关，而且和家长自身的行为也有直接关系。有的家长打开衣柜，总是找不着要换的衣服，有的家长把看完的报纸随手一丢。久而久之，家长的行为就会给孩子带来不良的影响。

要培养孩子做事有条理的良好习惯，家长应该怎么做呢?

1.父母以身作则

正如上面所说的，很多父母不良的习惯对孩子很容易产生坏的影响。俗话说：喊破嗓子，不如做出样子。父母要言传身教，以身作则，做任何事情都要表现出一种强烈的责任感，以认真负责对待工作的态度影响孩子，如在家做事时主动勤快，脏衣服不乱塞乱放，换下来就洗，上班前总是将房间收拾整齐等，为孩子树立良好的榜样。

培养孩子做事有条理是一个漫长的过程，只要父母坚持要求，反复强化，不断激励并加以督促引导，就能使孩子养成这一好习惯。

2.建立合理的作息制度

有规律的生活是培养孩子做事有条理的重要前提。父母应根据孩子的年龄特点和家庭条件，把每天起床、睡觉、做游戏、看动画片、学习及家务劳动的时间都固定下来。教孩子做事时，一定要交代清楚什么时间去做什么事情，怎样才能做好这件事，应注意些什么问题。做到要求明确，检查及时。

3.培养孩子做事有条理的习惯

父母应该随时留心观察孩子，看看他做事是否有秩序，是否知道先做什么，然后再做什么。通过观察，如果发现孩子这方面能力差，应立即给他指出来，并告诉他无论做什么事都要按步骤完成，做完一件事再做另一件事。如果有许多事情要做，必须先安排好顺序。如星期天，父母给孩子提出哪几件事是必须要做的，然后让孩子自己安排，可以让他将要做的事用先后顺序表示出来。一次次地强化，久而久之就会养成做事有条理的习惯。

对于年纪尚小的孩子，可以从吃饭、穿衣这些小事开始。比如，把为孩子穿衣、脱衣的全过程用照片的形式记录下来，贴在醒目的地方；还可以将穿衣脱衣的顺序编成朗朗上口的儿歌，录到复读机中，等到孩子做角色游戏时，可边听儿歌，边根据照片的步骤，一步一步帮助小娃娃穿衣脱衣。如此，家长不仅在游戏中教会了孩子穿衣脱衣的方法，培养了他做事的条理性，而且还让他在自由的环境中获得了成功的体验。

4.对经常丢三落四的孩子进行必要的惩罚

对于做事常常丢三落四的孩子，小小的惩罚也是必要的。

楠楠去上绘画课，到了教室才发现，忘带橡皮了。其实，妈妈早就发现楠楠没有带橡皮，故意没有告诉她，想给她一个教训，让她以后注意。

5.让孩子自己的事情自己做

其实，一些孩子本来是细心的，是很多家长长期为孩子包办生活，导致了孩子自主做事能力的弱化。为了培养孩子做事有条理的好习惯，家长应学会放手，鼓励他自己的事情自己做，家长只给予必要的方法上的指导就可以了。家长可以利用双休日的时间，和孩子一起制定这一天的活动安排，提醒、督促他按计划完成。开始时，孩子可能丢三落四、虎头蛇尾，家长不要批评他。只要家长不断地要求孩子，同时加以引导和鼓励，就一定能够收到好的效果。

由于孩子身心发展的特点，做事难免会丢三落四，家长不必为此发愁。但父母要对此进行引导，培养孩子的秩序感是一个循序渐进的过程，需要家长坚持与耐心，需要父母从各个方面下功夫。毕竟，悉心教育的孩子，才能拥有出众的品质和能力！

第07章 高度的自制力练就注意力，教孩子学会自我控制

生活中，我们常常提到“自制力”一词，自制力就是人们为了适应环境、与人合作、维持关系，进而更好地生活而进化出来的人脑功能。意志力是一种抑制冲动的能力，它使我们成为了真正的人。无论做任何事，我们都要自制力，对于成长期的孩子来说，高度的自制力练就他们的注意力，我们父母要从小就对孩子进行自制力教育，教孩子学会自我控制，让孩子养成理智且自制的好习惯。

延迟满足——让孩子在自控中提升注意力

金无足赤，人无完人。人最大的敌人是自己，只有能够战胜自我的人，才是真正的强者。这就考验到人的自制力。一个有着强烈自制力的人，就像一个有着良好制动系统的汽车一样，能够在很大程度上随心所欲，到达自己想要去的任何地方。因此，我们可以说，美好人生，就是从自我控制开始的。而生活中，人们之所以会做那些让自己后悔的事，归结起来，大多是因为自制力薄弱，抵挡不住诱惑，因此做了不该做的事。可见，任何一个父母，在教育孩子的过程中，也一定要培养孩子的自控能力，让孩子学会约束自己，自制力强的孩子往往做事更专注，更能集中注意力，也更容易在未来生活中取得成功。

然而，我们都知道，孩子毕竟是孩子，他们往往自制力不足，需要我们成人的引导和帮助，而为了提升之孩子的自控力，我们可以运用心理学上的一个方法——延迟满足。它指的是，人们为了获得更大的目标，可以先克制自己的欲望，放弃当下的诱惑。如果一个人没有忍耐的这种能力，那么则会在遇到压力时退缩不前或不知所措。

生活中，我们发现，一些家长，在自己年轻时受过很多苦，因此，对于自己的孩子的要求，他们都来者不拒，孩子要什么，他们都满足，这样孩子对物质的需求或对欲望的需求就会越来越强，因为太容易得到了，不需要靠他的努力就能得到。而一个自我延迟满足能力高的孩子，在成年后就会在面对困难和挫折时，知道自己要付出很多才能达到那个目标。

这天，妈妈给了洋洋一块糖，然后她把另一块糖也放到洋洋面前，说："洋洋，现在有两块糖，你今天只能吃一块，不过你要实在忍不住了，还可以吃第二块，但是明天的糖就没有了。如果你不吃，明天妈妈会给你两块。"

洋洋很聪明，她歪着脑袋天真地问妈妈："那我今天都不吃，明天能给我三块吗？"

妈妈很恨吃惊小小的洋洋居然这么问，不过她庆幸的是，洋洋才四岁，就已经有了这么强的自控能力了，于是，妈妈高兴地说："真'贪心'啊！"

这里，洋洋就是个有自控力的孩子。事实上，懂得克制自己欲望的孩子的眼光是长远的，当他们在成年后，对于眼前的事，他们会做出综合的考虑，考虑一下这个现在对自己有没有利，五年以后有没有利，十年以后有没有利。如果小时候不控制自己，长大了就会习惯"控制不住"的状态，矫正起来则比较难。

周周看到冰箱里的冰淇淋，嚷嚷着要吃，但此时她正咳嗽、嗓子疼。妈妈就跟她解释："你现在正病着，吃了嗓子就说不出话来了，等过几天好了给你吃。""我就吃一点点。""吃一点你的嗓子也会比现在厉害，还得吃更多的药，等好了，可以给你吃一个蛋筒。"这样，周周会权衡利弊，选择吃一个蛋筒。

周周妈妈就是在理性地教育女儿，这是正确的。孩子往往对自己的要求只是感性上的，并不知道它的利害关系，家长帮助孩子认识到这一点，他就会慢慢地了解什么是该要求的，什么不可以要求。

家庭教育中，每个父母都要遵循孩子的天性，但这并不意味着我们要满足孩子的所有要求。相反，适当延迟满足，能培养孩子控制自己欲望的能力。这一点，需要家长在生活中加以贯彻实施，当你的孩子明白只有付出才有回报时，他也就拥有了一定的自控力。

那么，作为父母如何做呢？

1.不要什么都迁就孩子

当他们要什么时，我们可以适当延迟一下时间，比如，过半个小时再来处理孩子的要求，在这个过程中，他的忍耐能力就无形中提高了。

2.视情况而定，看要求是否合理

当孩子提出某个要求时，家长是否立刻满足，最重要的是看这个要求合不合理。如果家长认为孩子的这个要求是合理的，就应该马上满足；如果家长认为孩子提出的要求不合理，就一定要拒绝，但你需要注意的是，你必须在拒绝他的时候告诉他原因，告诉他怎样做才是对的。

3.立场要温和，态度要坚定

如果你想拒绝孩子的要求，那么，你就必须表现得立场坚定，进而让孩子明确自己的要求是无理的，但同时，你的语气必须要温和，这样才是真的以理服人，才能让孩子感觉你依然是爱他的。

比如，女儿想买一样东西，你可以这样说："抱歉，宝贝，妈妈最近经济有些拮据，大概三天后妈妈才能拿到钱，那么，这三天妈妈必须努力工作，你能帮妈妈干点家务吗？到时候妈妈再给你一点补助。"这样态度温和地说，是要让孩子感受到："虽然妈妈没给我买，但妈妈是有原因的，妈妈也是爱我的。"

假若我们在教育孩子的时候态度温和，客观地看待孩子的要求，当孩子做出任何不好的举动时，也能包容和接纳，那么我们在与孩子进行一切互动时，都能很好地把握分寸。

我要克制自己——培养孩子强大的自制力

生活中，我们经常听到有些家长抱怨自己的孩子不能控制自己：上课时不是做小动作，就是窃窃私语；一回到家就看电视，一写作业就坐立不安；课外作业马虎了事，甚至时常打折扣；喜欢吃零食，乱花零花钱……说到底，孩子缺乏自我控制能力。其实，孩子的自制力与我们所要阐述的提升孩子的注意力有着密切的关系，高度自制的孩子往往更能克服自己的玩心，认真学习。事实上，我们发现，孩子的良好习惯是连贯的，自制力提升了，专注力也就有了，不过，孩子自我控制能力的形成有一个过程，那就是从“他制”到“自制”。孩子养成了一定的自制力，对于他们以后的成长和发展有极其重要的积极作用。

美国心理学家沃尔特·米切尔曾做过这么一项实验。

一天，他来到一所幼儿园，挑选出了某个班级的所有四岁的小朋友，然后，发给他们每个人一块软糖，并告诉他们，他有点事，大约二十分钟就会回来，如果谁能再他回来前还保存着这块软糖，那么，谁就能获得第二块软糖，而假若谁做不到，自然就没有。

结果，如沃尔特·米切尔所预料的，有些孩子很馋，就吃掉了这块糖，而有的孩子为了得到第二块糖，便坚持了二十分钟。为此，沃尔特·米切尔记下了这些孩子的名字，并对他们做了长期的跟踪调查。

等到他们高中毕业后，米切尔发现，原先那些坚持了二十多分钟的孩子有这样一些更为优秀的表现：他们有很强的自信心，更独立、积极、可靠，能够很好地应对挫折，遇到困难不会手足无措和退缩。而那些没能坚持的孩子长大后大部分都表现出退缩羞怯、经不起挫折失败、好妒嫉、脾气急躁。更令人吃惊的是，他们在学习成绩上也有显著的差异，前一种孩子的学习成绩远远要好于后一种孩子的成绩！

这个实验的最终结果表明，孩子的自控能力，在一定程度上决定了他人生的未来。那么，作为父母，我们该如何帮助孩子提升自制力呢?

1.培养孩子多看书、多思考的习惯

读书和思考是培养孩子安静的性格和强大的自制力的必备方法，不过，让孩子爱上读书并不是一两个月就可以做到，这需要长时间的修养和熏陶。我们父母也要在平时多阅读，培养全家安静读书的氛围。

2.制订目标，循序渐进，不可操之过急

孩子的自制力的形成是一个循序渐进的过程，因为自制力的形成不是一蹴而就的，也不是孩子下了决心就能获得的。

拿学习来说，在教育孩子好好学习的过程中，他如果决定从明天起好好学习，要每天学习10个小时以上，那么，他很可能因为没有达到目标而气馁，而如果你先给他定一个较为合理的目标，比如，他可以在第一周时每天学习1个小时，少玩15分钟；倘若做到这一点的话，第二周每天学习1个半小时，少玩20分钟；再做到这一点的话，就可以每天学习2个小时，少玩30分钟。慢慢地，他便会发现，自觉地学习已经成为了一种习惯，而自制力也自然而然地形成了。任何坏习惯的改变或好习惯的形成都可以采取这个方法。

3.必要时要使用强制的方法来约束孩子

生活中，孩子的很多习惯总是养不成，比如，便后洗手、饭前饭后洗手等，你只是简单地提醒几次，孩子可能还是会忘记，对此，你不妨经常叮嘱孩子，这样，他就能记住了。要知道，“强制出习惯”是个不折不扣的真理！可见，在养成好习惯，去除坏习惯的初期必须靠父母的强制作用进行约束。

4.父母需要以身作则

如果你是一个自制力差的家长，你又怎么能奢望你的孩子自制力强呢？因此，你必须重视言传身教的作用，在举止、谈吐和生活习惯方面都为孩子做出一个好榜样。

另外，我们需要注意的是，自制力也和我们的身体一样，也是有极限的。事实上，那些冠军运动员、获得非凡成功的生意人以及诺贝尔奖科学家，他们都知道这个道理，他们也不会对自己太过苛刻，他们也允许自己偶尔偷偷懒，允许自己犯错误。虽然他们在为一些远大的目标而奋斗，但是他们也能够容忍有时不能达成这些目标时的挫折和失望。他们知道自己能够继续努力、改善工作。同样，我们训练孩子的自制力，也不可太过苛刻，孩子做不到反而会丧失自信心，给孩子一定的弹性空间，才能让孩子学会调整自我，迎难而上。

爸妈为什么不给我辅导作业——让孩子独立完成作业

我们都知道，学习是学生的天职，而学生学习就离不开做作业，老师在讲了一天的课后，给学生布置罪业，也是为了巩固学生学习到的知识。可能有些学生认为，只要听好课就能取得好成绩，作业无所谓，于是，他们常把作业当成任务完成，也有很多抄袭作业的现象。而实际上，这都是不良的学习习惯。一些父母为了让孩子做作业更认真点，会陪同孩子，殊不知，这样做对孩子的自制力毫无帮助。一些孩子只要看到父母走开，马上就开小差、小动作不断，并且，父母辅导作业的学生，学习效率普遍更低。

相反，我们发现，那些成绩优异的孩子在分享自己的学习经验时，都会提到独立完成作业这一点，他们认为，认真做老师布置的作业也是准备大考的重要环节。老师布置的作业要独立完成，努力思考，积极开动自己的大脑，结合上课老师所讲的新方法解决题目。

为此，我们要与孩子订立规矩——独立完成作业，让孩子把很每次的作业当成一次考试，因为只有专注，才会有高效率的成果。

有位母亲谈到教育孩子的经验时谈到：“常常听说有些家长说，自己的孩子晚上做作业都要到十二点。其实并没有这么多作业，问题的关键是效率不高。在我看来，提高效率有两种基本途径：专注和限制时间。专注说来容易做起来却很难。我们可以培养孩子专注的能力。我们家很小，所以我的女儿每天都是趴在饭桌上学习的，她告诉我饭桌上的香味往往很容易分散人的注意力，但她会不断给自己暗示，必须投入学习，心无旁骛，现在看来效果真的不错。限制时间是提高效率的另一个有效途径。平时作业就要训练自己在规定时间里完成，到了考试才会从容不迫。”

的确，我们父母都明白，孩子做作业时，要做到两点：专注和限时。而这两点，都是任何一个成绩优异的孩子所具备的。

的确，如果你问：人在什么情况下才能不走神呢？只有当一个人被规定在一定时间内，要完成某一件任务时，这个人的注意力就会高度集中。考试基本功的好坏就在于平时对作业的态度。因此，我们就应该对孩子的考试素养和习惯进行培养，我们要告诉孩子，在作业的时候，也要对自己进行像考试一样紧迫的训练，那么考试的时候就感觉是在做平时的作业，考试就会很容易。

当然，独立完成作业，强调的当然是“独立”二字，作业不独立就完全失去了作业的任何积极意义，那就不如不做，此外，我们还要让孩子明确的是，一定还要坚决反对那种单纯完成任务的观点，为应付老师检查而做作业的不良习惯。作业实际上是课堂学习的继续，通过作业巩固课堂所学知识，检验课堂听讲的效果，培养自己独立思考、分析问题、解决问题的能力，提高学习的自觉性和积极性。当然作业中出现的疑难问题，在经过充分的思考、分析后可以向老师、同学请教或开展讨论，对作业中的错误，要及时分析错误原因进行订正。

可见，一个学生，只有做好作业管理，才有可能取得好成绩。而我们父母，就要与孩子订立规矩，不但不能陪同孩子做作业，还要力求让孩子在做作业时做到以下两点：

1.限时

孩子回家要写作业，要记录学习的时间，要限时学习，否则就是超量。提高学习效率，方法要对，老师教授的知识吸收得怎么样就看作业时间了；另外，面对淘汰式考试，要平时训练有素，每次越快越好，快而又准。

2.专注

要告诉孩子一定要坐得住，而作为父母的我们也不要打扰孩子，在安静的学习环境中，孩子才能专心学习。我们可以帮助孩子记录开始的时间，结束的时间，至少要四十五分钟别动地方。多数孩子学到半夜是因为学习效率太低，没预习，听不懂，翻资料，问别人，抄答案，写答案。

总之，我们如果能让孩子记住以上两点做作业的要点，相信你的孩子一定能从作业中有所收获！

让身体动起来吧——舍得让孩子去参加体育锻炼

我们都知道，生命在于运动，爱运动的孩子才阳光健康。然而，现实生活中，不少家长认为孩子只要认真学习，而忽视了对孩子身体素质的历练，这导致了不少孩子抵抗力差、免疫力不足等。而实际上，体育锻炼对于改善神经系统的调节机能，对于学生们学习能力的提高以及注意力的提升，都起着积极作用。

事实证明，爱运动的孩子自制力更强，因为运动本身就是一件需要孩子坚持下来的活动，是对身体的挑战，运动还能缓解身心压力，如学习累了，到户外活动一会再回来学习，学习效率肯定会提高。这也是我们安排课间十分钟的原因。

小风是个学习成绩很好的男孩，也很听话，不像其他那些叛逆的青春期男孩。他唯一让爸妈操心的是他的身体，他从小体弱多病，动不动就感冒，每个月他都要请几天病假，这不，爸爸妈妈又带他来医院了。

“医生，您说我的儿子怎么回事，体质太差了。”妈妈顺便问医生。

“他平时吃的怎么样？”

“还行，不挑食，但吃不了多少。”

“那体育锻炼呢，多久锻炼一次？”医生追问。

“他几乎不锻炼，平时放学回家也就直接钻到房间做作业，看看书。”

“那怪不得了，青春期的孩子不运动，身体怎么能好得了。”

“原来是这样啊……”

的确，生命在于运动，适量的运动和合理营养结合可促进孩子生长发育、改善心肺功能、提高耐久力、减少身体脂肪和改进心理状态等。这种经济、实用、有效、非药物又无副作用的措施，对于提高孩子健康水平起着重要的作用。

因此，作为父母，只要有条件，都要引导孩子积极进行体育运动，并形成规矩，久而久之，当孩子养成了运动的习惯后，不但消除疲劳，还能减少或避免各种疾病。

那么，具体来说，我们该如何引导呢？

1.家长也动起来，多和孩子一起运动

孩子通过运动增强身体素质和智力能力的开发，不仅需要父母有运动的意识，还需要父母切切实实做到言传身教，因为身教更能使孩子积极地参与。因此和孩子一起运动，引导孩子运动，是父母培养孩子拥有好习惯的必要内容。

2.帮助孩子选择合适的运动方式

运动分成有氧运动和无氧运动两种。无氧运动一般都是短时间高强度的，对人的意义不大，弄不好还容易伤到自己。最好还是有氧运动，对人不但有锻炼身体的效果，而且还能调节情绪问题，有效地应对情绪中暑。

常见的有氧运动项目有：步行、快走、慢跑、滑冰、游泳、骑自行车、打太极拳、跳健身舞、跳绳、做韵律操，等等。有氧运动特点是强度低、有节奏、不中断和持续时间长。同举重、赛跑、跳高、跳远、投掷等具有爆发性的非有氧运动相比较，有氧运动是一种恒常运动，是持续5分钟以上还有余力的运动。

当然，无论做什么运动，我们都要让孩子多坚持，而不能三分钟热度。长时间坚持下来，你会发现，你的孩子不仅拥有了一个健康的体魄，还能经常释放心理压力，重新获得学习的能量。

3.充分利用社区的体育器械

一般来说，每个小区都配备了一套基本的锻炼身体的体育器材，父母每天上班前或下班后来这里锻炼锻炼，孩子可能因为跟风意识，不由自主地就和父母一起来锻炼了。不仅如此，一般小区的孩子都愿意在这里玩耍，孩子们可以一边玩一边锻炼身体，既锻炼了身体，又沟通了孩子之间的感情，何乐而不为呢？

4.利用周末时间进行运动休闲

双休日时，父母不要把大把的时间放在睡懒觉、逛街、看电视上，应该有计划地和孩子进行爬山、郊游等活动，让孩子选择喜欢的地点一起去游玩，这样不仅可以调动孩子游玩的积极性，还锻炼了身体。在亲近大自然的过程中，孩子的性情会得到很好的陶冶、熏陶。爬山需要付出体力，既增强体质，又磨炼意志，这对孩子良好素质的浸染作用不可低估。

5.孩子感兴趣的体育项目，鼓励其努力发展形成特长爱好

孩子们通过电视、网络等媒介，可能对某些体育项目非常感兴趣，一般来说，孩子受武打片的影响可能喜欢武术、跆拳道，受体育比赛的影响，喜欢游泳、射击等活动。这时，父母应该积极鼓励孩子发展这些爱好，给孩子报培训班学习，让孩子在兴趣中达到强身增智的效果。

当然，我们提倡孩子养成运动的习惯，但运动不能超越身体极限，在我们的孩子进行剧烈运动之前，要了解孩子的体能，以方便孩子在做运动的时候把握住度，以免发生危险。

我是个马大哈——根治孩子粗心大意的不良习惯

我们都知道，对于孩子来说，细心是一种很好的生活和学习习惯，我们需要从小培养，进而帮助他们形成一种自制力。有自制力的孩子无论在什么时候，都能专心致志，这是一个人成功的重要素质之一，而马虎是细心的天敌，孩子在出生后，我们就要尽可能地加以引导，正确地引导孩子凡事细心的品质。

不过，孩子粗心大概是很多父母头疼的普遍问题之一。

孩子粗心的形成受众多因素影响，其中有气质因素，有些孩子对感觉刺激的敏感性较差，而注意力又容易受干扰；也有知觉习惯的因素，对知觉对象的反映不完整、分辨不精细；还有兴趣的因素，对感兴趣的事情比较仔细，对不感兴趣的事情马马虎虎等。而最重要的原因是，很多家长没有运用正确的教养方式，拿学习来说，一些家长从孩子一入学开始就对孩子的学习大包大揽，做作业似乎成了自己的事。孩子的一些不良的学习习惯也就在不知不觉中已经养成了，孩子从此会对自己的作业毫不负责。等到了高年级，家长突然放手的时候，就会发现孩子的作业差得让人揪心。长此以往，孩子的学习能力就会低下，离了大人就不会学习。最令人伤脑筋的是粗心会变成一种行为方式，演变成凡事都冒冒失失、粗枝大叶，成为真正的“马大哈”。粗心的孩子往往是动手快于动脑，事先缺乏仔细的观察和全面的思考。这一情况随着孩子认知能力的提高会有所改善。但对已经形成粗心习惯的孩子，则要对他他们进行耐心的、细致的指导，帮助他们形成新的知觉、思维和行为的模式。

纠正孩子马虎、粗心，是一件细致的、艰难的、经常反复的工作，需要家长高度的责任心和耐心，不可急躁，更不可以责骂。因为被骂的情绪紧张、兴致全无的孩子只会变得更加粗心。

1.从培养孩子的责任心做起

孩子的马虎粗心，最根本原因是缺乏责任心所致。一个有很强责任心的人，做任何事情都不可能马虎、不可能粗心。所以要纠正孩子马虎粗心的习惯，要从责任心的培养做起。因为有了责任心，他自然能够小心谨慎地对待每一件事情，避免马虎。

家长们应少一些包办、少一些关照、少一些提醒，让孩子自己处理自己的事情；让孩子多承担一些家务劳动，多做一些力所能及的事情，以培养孩子的责任心。家长要狠得下心来，让孩子吃苦头、受惩罚。

比如，上学前让孩子自己整理该拿的东西，如果他忘了，你也不要给他主动送去，而要让他受批评、受教育。再比如，孩子外出之前，让孩子自己准备外出所带的食品和衣物。家长只做适当的提醒和指导，不要大包大揽，也不要强行将自己的意志强加于孩子，等他少带了食品，少带了衣物，或落下别的什么东西，在外吃了苦头的时候，他自然会吸取教训，责任心自然而然会加强。等下一次外出的时候，肯定不会粗心，肯定不会丢三落四了。

2.从培养好的生活习惯做起

我们发现，如果一个孩子的房里一团糟，鞋子东一只西一只，他的作业往往字迹潦草、页面不整，做事丢三落四、凭兴致所至，观察没有顺序、思考缺乏条理，表现出典型的马虎粗心的特点。因此，从生活中小事做起，培养孩子良好的生活习惯，能减少孩子的马虎粗心。

常用方法是：让孩子整理自己的衣橱、抽屉和房间，培养孩子仔细、有条理的习惯；让孩子安排自己的课余时间和复习进度表，培养孩子有计划、有顺序的习惯。通过改变孩子的行为习惯来改变他的个性。天长日久，孩子的马虎粗心就会渐渐减少。

3.培养孩子集中精力学习的好习惯

有的家长，不管孩子是不是正在学习，都把电视机开着，或者自己打牌搓麻将，这些做法都会造成对孩子的干扰，使他不能集中精力去学习，久而久之，儿童便养成了一心二用的坏习惯。有的孩子放学回家以后，总是先打开电视，然后边看边写作业，或者耳朵上戴着耳机，一边摇头晃脑地唱着歌儿，一边做习题。试想，这样怎么能聚精会神呢？

4.培养孩子认真的习惯

有些孩子马虎是和性格分不开的，一般来说，马虎粗心的孩子开朗、心宽、不计较。这是他们性格中的优点应该加以肯定、保护，但性格外向的孩子更易患马虎大意的毛病。所以，更需要家长在性格上多加培养，引导他们遇事认真、谨慎。

认真是任何人要做好一件事情的前提，如果对什么事情都敷衍了事，草草出兵，草草收兵，必然做不好。然而认真、不马虎是一种习惯，要孩子克服马虎的毛病，需要家长的指导和帮助。光靠说教不行，要靠平日里的习惯培养，久而久之，孩子也就有了自我控制的能力，把认真当成一种习惯。让孩子养成良好的习惯，具备良好的素质，才能挑得起未来独自生活的担子！

一心多用不可取——让孩子学会每次只做一件事

作为父母，我们都希望孩子无论是做事还是学习都能专心致志，这是注意力集中的重要体现，也是自制力的一个方面，为了提升孩子的自制力，我们最好试着教育和帮助孩子不要一心二用，在同一时间只做一件事。一次只做一件事，能训练其缜密的思维，注意细节问题，才能在未来社会的竞争中立于不败之地。

心理学家认为，注意力的“分配”和注意力的“集中”都需要后天培养，而婴幼儿时期是关键期，如果很多孩子缺乏自制力，多与家长的教育有关系，如果在儿童幼年时期没有对他们进行过系统的训练，或是常让孩子一心二用，边看电视边写作业，或是让孩子在一个嘈杂混乱的环境里学习，都有可能养成儿童粗心马虎的毛病。而最重要的原因是，父母责任心教育的缺失，现在的孩子多数是独生子女，凡事父母包办得太多、关照得太多、提醒得太多，从而导致孩子责任心的减弱，养成了做事不专注的习惯。

“我的女儿圆圆今年刚满四岁，聪明可爱，因为我们工作很忙，长期是爷爷奶奶带的，但我们每天都抽时间过去和她玩。因为她小时候没吃过母乳，身体多病，所以爷爷奶奶对她照顾很周到，总是担心她生病，并且零食和玩具都给她买很多，经常是嘴巴叼着零食，手上还有布娃娃，家里电视还开着。圆圆两岁就上了幼儿园，学习接受能力都不错，就是好动，干啥都停不下来，老师跟我沟通过一次，希望我们家长能训练孩子的自制力和专注力。这个暑假，我们让她练习生字，且只让她写，不让她玩其他的。现在，圆圆的进步很大，也有耐心多了。”

这里，圆圆之所以好动，很大原因是小时候和爷爷奶奶在一起生活的经历导致，他们为了满足孩子的吃喝玩各方面的需求，看上去并无不对，但却让孩子养成了一心几用的坏毛病，幸亏得到了及时纠正，否则，孩子自制力差，将来又怎样学得好、取得成功呢?

那么，我们如何帮助孩子克服一心几用的坏毛病呢?

1.告诉孩子一次只做一件事

如果你决定了做一件事，那么，你就要做到专注，然后，你需要问自己：“在这些要做的事情中间，哪件事最重要？”选出那件最棘手的事，然后保证自己在接下来一段时间内只专注于它。

2.在家庭中训练孩专注的良好习惯

其实，孩子三心二意的毛病不是只出现在学习上，家庭生活对此也有相当大的影响。例如，孩子在吃饭的时候要专心，不要多讲话；游戏的时候，不要一会儿玩这，一会儿玩那；看电视的时候，频道乱开。有句话叫“于细微处见精神”，父母必须从孩子的生活细节入手，严格训练孩子事事专心的良好习惯，才能从根治孩子粗心大意的不良习惯。专心致志、心思细腻的孩子才有创造力、观察的能力、记忆的能力、逻辑推理的能力和想象的能力，才能完美地完成每一件事！

3.制订一个合理有度的学习计划，让孩子一步步达成

目标不可太高太大，要让孩子跳一跳能摘到桃子，激发起孩子的上进欲望，这比一次给孩子很多目标效果好多了。

4.和孩子一起多读书，培养孩子安静的性格特征

家长无论工作多么忙，家务如何多，也要抽时间和孩子一起读书、观察、讨论、交流心得，使孩子感受到读书之乐、学习之趣。另外可在家中设置一方读书角，多备孩子可读之书，营造家庭书卷气，激发孩子的学习情绪，增强读书兴趣。

总之，专注和集中注意力是自制力的重要方面，我们家长从小就要训练孩子一次只做一件事的好习惯，进而帮助孩子在未来更好地成人成才！

第08章 恼人的学习问题，如何让孩子集中注意力学习

作为父母，大概我们唯一的期望就是望子成龙、望女成凤。学习成绩的好坏从一定角度上来说是衡量孩子学习状况好坏的重要指标。毋庸置疑，孩子在校期间的主要活动是学习，然而，孩子毕竟是孩子，缺乏一定的自觉性和自制力，很容易在学习时因为各种因素而无法集中注意力，这就需要我们父母的指导，当然，更要注意方式，我们要从孩子接受的角度培养孩子的学习兴趣、激发孩子的求知欲、传授正确的学习方法，从而让其爱上学习，并提高学习效率！

我就是想课堂上打扰别人——孩子经常违反课堂纪律怎么办

俗话说："没有规矩，不成方圆。"任何自由都是建立在一定的约束之上的，可以说，对于要参加学校学习的孩子来说，如果不遵守课堂纪律，课堂就是一盘散沙。然而，不少父母有这样的苦恼：孩子在课堂上总是违反课堂纪律，不但自己不认真学习，还打扰了别人，这让家长和老师都十分烦恼，其实，孩子违反课堂纪律，很多时候并不是刻意为之，而是注意力不集中的表现，要解决这一问题，还是要归结到如何帮孩子提升注意力这一问题上。

"我的女儿学习能力还行，可就是不遵守课堂纪律。比如，上公开课，教师点她发言，其实她会，但就是不配合，还跟我们说，不想让这么多不认识的人听她念课文，听教师说平时点她发言蛮配合的，学习效果可以的。每个新学期开学，女儿总是要哭个几次，不过我们走后，她上课做游戏都很积极，她也很喜欢上幼儿园。"

很明显，故事中的家长所操心的问题是孩子不遵守课堂纪律，对于这样的孩子来说，不遵守课堂纪律通常只是他们行为中的一个表现，他们通常来说，会不顾客观环境和条件，自己想说什么就说什么，想做什么就做什么，不听从别人的劝告和阻拦，任着性子来。孩子的任性是一种不良性格特征的苗头，对孩子的成长很不利。而现代社会，很多父母误解了教育孩子就是真满足孩子的一切要求，正是这种有求必应，让孩子形成了这样的坏毛病。

的确，如果每个孩子在上课时都不遵守课堂纪律，那么，老师就没办法上课。

那么，这样的情况我们怎么解决呢?

1.告诉孩子遵守课堂纪律是基本的礼仪，也是受到其他同学欢迎的前提

对此，作为父母，我们也要告诉孩子，学生在学校以及与他人相处过程中都要遵守一定的礼仪，礼仪应该从小注意与培养，这是一个人素质的体现，不遵守课堂纪律，会让其他同学厌恶。

月月虽然是个女孩，但却不像别的女孩那样讨人喜欢，她在班上是个不受小朋友欢迎的孩子，她简直就是班上的“捣乱大王”：老师让小朋友们排队离开教室时，她在地板上爬来滚去地疯；小朋友们聚精会神听老师讲故事时，她推推左边的同伴、拍拍右边的同伴，不停地捣乱；游戏的时候，月月又很霸道，她喜欢的玩具就要独占，不让其他小朋友碰……

有一次，小朋友们在玩开火车的游戏，一个小朋友当火车

头，由“火车头”邀请其他小朋友上火车，小朋友们在老师的钢琴伴奏下，骑在小板凳上“咔嚓咔嚓”一起前进。开火车游戏是小朋友们都爱玩的游戏，但是每次玩的时候，不管谁当火车头，都不会邀请月月上车。看着其他小朋友兴高采烈地开着小火车，坐在一边的月月显得特别孤独……

小朋友们都不愿把月月当成自己的好朋友，不邀请月月上自己的小火车，显然，月月成了班级团体里不受欢迎的人物。因为她捣乱、淘气、霸道，小朋友都躲开他，避免被她干扰或被别的小朋友认为是属于月月一类的人。其实，月月这样的孩子，在同伴群体里不受欢迎的地位一旦形成，几年时间内这种地位都难以改变。她属于性格外向、活动水平较高的一类孩子，也就是说，她比较喜欢动而很少对安静型的活动感兴趣。所以，在要求安静的活动中，她容易出现“捣乱”行为。而对于集体生活的一些规则，如排队、保持安静等，月月接受起来有些困难，这就和他们的家庭环境和父母的教育方式有关了。

其实，这样的状况对于成长中的孩子来说是危险的，每个孩子都希望有一种自我价值感和归属感，这是他们不断努力和奋进的动力，但周围同伴的隔离使得这些孩子变得离群索居，长此以往，会阻碍孩子交到真心的朋友，也会阻碍孩子良好的人际关系的形成。

现在的孩子，在家里基本过着“一个中心”的生活，这容易养成孩子以自我为中心的行为习惯，所以会给别人留下霸道的印象。

2.培养孩子尊重他人的意识和习惯

总之，我们要让孩子明白，友谊是一笔宝贵的财富，而要获得友谊就要懂得从他人角度考虑，就不能不遵守课堂纪律，这样，你的孩子会一生受益无穷！

实际上，由于家庭教育的缺失，尤其是父母的溺爱，很多孩子自私自利，不愿意与人分享，这对孩子成为一个合格的社会人是极为不利的。在现实生活中，自私、不愿意与人分享的孩子并不少见。这虽然不是什么大毛病，但如果是一个什么都不愿与他人分享，霸道的人，是很难与他人形成良好的人际关系的。所以，从小克服孩子的自私，培养孩子与他人分享的意识很重要。

3.与老师沟通，减缓孩子的课堂焦虑情绪

焦虑是一种情绪状态，是一个人自尊心受到威胁时产生的情绪反应。适度的焦虑可以有效地激励孩子学习，而过度地焦虑则可能影响孩子学习并引发问题行为。很多情况下，孩子的课堂违纪行为就是他们焦虑的结果。

实际上，要想让学生很好地遵守课堂纪律，这在很大程度上取决于老师对学生的态度及师生关系。如果老师能真正关心、爱护学生，学生不仅会遵守课堂纪律，还会维护、支持老师的工作，帮助老师维持课堂纪律。

遵守课堂纪律，既是尊重老师的表现，也是珍惜学业与集体的行为。孩子在学校不遵守课堂纪律，我们要与学校和老师一起努力，帮助孩子纠正不良行为，让孩子爱上课堂，爱上学习！

学习到底是为了什么——帮助孩子明确学习动机，他才能更专注

任何人做事都有动机，学生学习也是如此，只有找到自己学习是为了什么，才会为之付诸于行动，才有学习的动力，也才能更专注。缺乏学习动机的孩子，一般都有以下表现：讨厌学习，上课开小差，注意力不集中，不能按质按量地完成作业，学习活动、学习时间少，学习不努力。总是为自己的学习寻找借口，拖延时间，用其他活动来取代学习活动，占用学习时间。

那么，造成孩子缺乏学习动力的原因是什么呢?

影响孩子学习动机的，是很多因素共同起作用的，包括其自身需求，家庭因素，学校的教育模式等。比如，作为父母，都希望自己的孩子以后能飞黄腾达，为自己争面子，而这一“自私”的心理，就很容易让孩子产生这样的心理：学习的目的是为了父母的面子。另外，中国的学校都以升学率为教学目标，这种单一化的教育目的不符合学生的心理需求，也会影响

学生的学习动机。另外，社会上的一些拜金主义、读书无用论等价值观念，都会影响到学生的价值取向，进而影响学生的学习动机以及学习的积极性。

这是一个小学四年级学生的日记：

“从小就是妈妈管我学习，爸爸在外面挣钱。每次我除了做完老师布置的习题，还要妈妈布置的额外任务。记得有一次妈妈对我说做完20道题就可以出去玩儿，然后她就去做饭了，为了投机取巧，我把前后几道应用题做完就说自己做完了，我想，妈妈是不会发现的，然后我就粗去玩了。天黑的时候我才依依不舍的回家。

“一到家，我就觉得什么地方不对，只见妈妈沉着脸叫我进屋，问我：‘题都做完了吗？’我心虚地说：‘做完了。’妈妈生气了，问：‘真的吗？’我不敢说话，闷闷地站着。妈妈更生气了，说：‘你为什么要撒谎？你以为你学习是为了谁？’我还是不说话。只见妈妈一下子冲到桌子面前，呼拉一下把我桌子上的笔、本子和书全都扫到地上，然后气呼呼地转身走了。

“我吓坏了，妈妈尽管对我比较严厉，但是从来没有发过这么大的火，就算是她打了我，我也没有这么害怕过，因为每次妈妈打完我还是要最后一个过来哄哄我的。我一个人呆呆地站在那里，不敢动也不敢说话，心想：要是以后妈妈再也不管我学习了可怎么办？屋子里渐渐暗下来，妈妈没有来，也没有别人来叫我去吃饭。

“就这样不知道过了多久，我收拾好散落一地的书、本子和笔，鼓足勇气走到妈妈面前，对妈妈说：‘妈妈，我错了，我不该骗您，以后我不这样了。’妈妈当然马上就原谅了我。

“虽然那次妈妈没有打我，但是真的把我吓坏了，而且从那以后，我再也没有骗过妈妈。但是，学习究竟是为了谁呢？”

看完这个故事，生活中的父母是否有共鸣，你的孩子是不是也这样？

学习动机是孩子学习的根本动力，只有随着年龄的增长，不断地明确认识到学习目的中社会性意义的内容，孩子的学习才会有持久的动力。

一些家长爱用“将来没饭吃”“不读书一辈子干苦力”等话数落孩子，既没有给孩子讲道理，又没有直接激发孩子的具体实例，往往不起任何作用。

那么，作为父母，我们要如何帮助孩子明确学习的目标，使其找到学习的动力呢？

1.告诉孩子学习是为了自己

不少孩子不明白自己为谁读书，为谁学习，更多的则认为是为父母学习，为了给父母争面子，而这种学习态度直接导致了这些他们对待学习和生活冷漠，没有热情，对什么都没有兴趣，觉得整个世界都是没有意义的，整个精神状态看起来都无精打采，对什么都不在乎。

其实，作为父母，我们一定要告诉孩子：读书是为了自己，知识改变命运，是为了获取知识，为了让自己未来的人生路走得更平坦。只有鼓励孩子思考自己为什么读书、为谁读书，考虑清楚这个问题，他才能找到学习的真正动力！

2.阐述自己的经验，告诉孩子学习的重要性

孩子年幼的时候，可能不懂为什么父母要我好好读书，可随着孩子慢慢长大，父母应有意识地向孩子阐述自己的经验，比如，你可以告诉孩子：在这样一个竞争十分积累的社会中，没有知识，就等于没有生存的本领，每个人都在用知识、为了自己的未来打拼。寒窗苦读的过程的确很辛苦，但这是任何人立于世的必经过程。

孩子有了这样的心态，即使他们在学习的过程中遇到了很大的压力，也能找到适当的方式发泄一下。

总之，我们一定要引导孩子认识到他们读书到底是为了谁，让他们明白，“可怜天下父母心”，所有的父母希望自己孩子好的根本原因都是为了孩子，应该理解父母的用心良苦。而努力学习、充实自己，培养自己，目的是为了让自己成为一个有用的人。如今的社会，竞争这么激烈，不学会一技之长来充实自己，又怎么能具有竞争力呢？而当孩子有了明确的学习动机后，自然能积极主动地投入，并集中注意力学习。

这样学习很有趣——探索性学习能激发孩子的专注力

作为父母，我们都知道，当今世界，任何人要想进步，要想跟紧时代的步伐，要想在激烈的竞争中脱颖而出，就必须努力学习。我们教育孩子，不仅要督促孩子努力学习，更要鼓励孩子进行探索性学习，因为探索性学习更能激发孩子的学习兴趣，进而提升孩子的专注力。

前面我们曾提及，兴趣才是最好的老师，只有让孩子真的爱上学习，他们才能化压力为动力，才能集中注意力学习。

然而，在生活中，大多数的父母常常会持有这样的观点：学习才是王道，学那么多其他东西有什么用？在这种观念的影响下，我们常常会遇到以下几种场景。

当孩子对做手工非常感兴趣的时候，家长会不屑地对女儿说："这东西没用，不要学！"

当孩子想学某种乐器时，家长常常会用"太浪费钱"来打发孩子。

孩子想报一个舞蹈班，但家长却常常用"你没耐性，还是别浪费时间了"来拒绝孩子……

其实，这些方法都是不正确的。我们的孩子对这个世界本来充满探索欲望，但是在家长的制止下，孩子的这种学习能力逐渐消失了，孩子一旦没有了这种执行学习计划的能力，他们很有可能就会回归过去。如果一直这样下去，就会有很严重的后果产生：孩子在知识和技能方面失去学习兴趣，更别说专注于科学文化知识的学习了。

那么，具体来说，我们应该从哪些方面陪养孩子执行学习计划的能力呢？

1.引导孩子学会探索性学习

一位家长这样分享他的育女经验：

“一个秋天的黄昏，我和女儿在公园里散步。看着树叶一片片落下来，女儿问我：‘爸爸，为什么这些树叶会落下来呀？’‘因为秋天到了，天气凉了，大树要保存足够的能量过冬。为了使自己不至于被冻死，它只好忍痛割爱，把这些耗费能量的树叶先扔掉了。’听了我的解释，女儿若有所悟地点了点头。但我又反问了女儿一句：‘你说为什么这些树叶是向下落，而不是向上落呢？’女儿皱着眉头想了一会儿，还是摇着头问我：‘爸爸，这是为什么呀？’这时，我把一本早已经准备好的《十万个为什么》交到她手中，并对她说：‘它会告诉你。’从那以后，女儿的问题仍然很多，但遇到问题时，她已经不再问我了，而是自己去《十万个为什么》中寻找答案。”

有疑问才会有探索，有探索才会有学习的机会，所以上述事例中这位父亲的做法很科学，虽然他为女儿详细解答了问题，但他却没有让女儿满足现有的答案，而是继续给女儿制造疑问，让她的探索一直延续下去。这样，孩子的学习欲望永远也不会停止。

2.让孩子按照一个合理而科学的计划学习

学习是一件很苦很累的事，不然就没有“头悬梁、锥刺骨”的成语了。要想让学习不累，最好的方式，就是为孩子制订一个行之有效的学习计划，减少学习时间，提高学习效率。很多实验结果表明，限时学习计划使孩子在学习时用时少、效果好。孩子在学习时，按照合理而科学的学习计划进行学习，对自己提出要求，比如，在多长时间内完成学习任务，是否掌握了所学的知识，不仅能激发个人的学习积极性，而且能节省学习时间。而毫无时间要求的学习，往往是所用的时间多、学习效果差。

3.学习计划要求你的孩子更集中精力学习

因为这是限时学习，孩子在学习时，可以很清楚地意识到这一点。集中精力是能否学习好的重要因素。父母不妨试一下，如果让孩子集中精力听20分钟的课，和脑子开小差时听20分钟的课做一下对比，就可以发现，如果在集中精力听课，孩子以前感到很难学的课，听不懂的课，一下子就听懂了。安排学习计划时，要特别遵从您孩子的认知规律和生理特点。

总的来说，要想提升孩子对于学习的兴趣，我们要从小培养孩子探索的欲望，这不但能激发孩子的学习兴趣，还能提升孩子的注意力，更会促进孩子整体学习能力的提高！

功课毫无头绪好心烦——为孩子量身定制一份学习计划

可能很多家长会发现，你的孩子很懂事，即使你不叮嘱，他也了解学习的重要性，他一直都知道要做个优秀的同学，努力学习，希望可以仍然走在队伍前列。但事实上，要学习的内容太多了，他们似乎总是力不从心，这让他们很心烦，而越是心烦，越是没办法集中注意力学习，这是为什么呢?

心理学家认为，人在众多目标的情况下反而无法集中注意力，对于孩子来说，学习任务多、缺乏计划，容易产生焦躁情绪而无法继续投入学习。对于这样的情况，其实我们应该为孩子制订一个合理的学习计划，

合理的学习计划是提高孩子成绩的行动路线，是帮助孩子成功的有力助手。没有学习计划，学习便失去了主动性，容易造成东抓一把西抓一把，以至生活松散，学习没有规律，抓不住学习的重点，因而总是被其他同学远远地甩在后面。因此，家长要切实指导孩子制订合理的学习计划。

学校每个月的家长会又来了，这次家长会的主题是“如何帮助孩子高效的学习”，家长会的目的也就是众多的家长一起交流心得，互换教育的意见，为孩子找出更好的学习方法。在这一点上，学习委员周丹的母亲，似乎很有经验。

“周丹是怎么学习的呀？”很多家长凑在一起讨论。

“听说，你们家周丹并不是每天晚上做题到深夜，我每天罚我们家王刚做好些习题，可是学习成绩就是不见好啊，这是怎么回事呢？”

“是啊，我看我们家儿子也是，每天回来忙忙碌碌的，有时候，饭都顾不上吃，努力学习，可学习成绩还是处在中等水平。”

“孩子学习任务越来越重，得重新帮他制订一个合理的学习计划了，不然学没学好，玩没玩好，孩子是两头受累啊！”周丹妈妈的一句话惊醒了在座的很多家长。

当然，孩子的学习计划应该由他自己来制订，家长所要做的应该是一个从旁协助的工作：帮助孩子把学习计划合理完善、监督孩子的执行、结合实际提出修改意见等，而不是按照自己的希望亲自制订。

那么，父母应该怎样帮助孩子制订学习计划呢？最好遵循下列几点要求：

1.合理安排时间，制订出作息时间表

比如，你可以让孩子制订出一张作息时间表，让他在表上填上那些非花不可的时间，如吃饭、睡觉、上课、娱乐等。安排这些时间之后，选定合适的、固定的时间用于学习，必须留出足够的时间来完成正常的阅读和课后作业。完成这些后，你要看看他在时间上的安排是否合理，比如，每次安排的学习时间不要太长，40分钟左右为最佳。学习不应该占据作息时间表上全部的时间，总得让孩子给休息、业余爱好、娱乐留出一些时间，这一点对学习很重要。一张作息时间表也许不能解决孩子所有的问题，但是它能让你了解孩子如何支配你这一周的时间。

2.学习任务明确，目标切合实际

孩子制订完学习计划后，家长应当加以审核，要确保孩子学习任务明确，目标符合实际，因为很多孩子制订学习计划时，总是“雄心勃勃”，一天的时间恨不得要完成一周的任务。这样不切实际的目标往往是导致计划不能正常执行的主要原因。

还有一些孩子，制订的学习计划很模糊，比如，晚饭后背外语、睡觉前温习课文等，这种计划看似没有什么错误，似乎也足够具体，但实际效果并不如意。因此，这种任务虽然可以给孩子一种学习的方向感，但并不具体，以至于孩子到了执行计划的时候，会不知从何开始，如果把目标再具体细化到：晚饭后背单词十个，睡觉前温习第几课课文，晚上八点半整理出三角形公式。这样效果会更好。而且如此具体的任务分配也有利于孩子自检任务完成状况。

3.学习计划应与教学进度同步

父母在帮助孩子制订学习计划的时候，一定要注意这点，只有这样，孩子才能把预习和复习纳进学习计划中。这就要求，在制订学习计划时，就要以学校每日课程表为基准，参照学校老师的授课进度，再让孩子结合自己的学习状况制订计划。计划有多种，比如，日学习计划，可建议为某门落后的功课或某门感兴趣的功课多安排些时间；还可以制订单元或专题复习计划，有计划地学习。

4.计划应该简单易行而富有弹性

正常情况下，计划都应该严格按时完成，但孩子的生活要受很多因素影响，难免会有特别的情况，所以就要求计划不能过于僵死呆板，要有一定的灵活性，可以不至于因为一个环节不能完成而打乱后面的所有计划。同时，学习计划也只是一个学习的构想，千万别把计划定得过于详细、紧凑，否则过于刻板。而且，如果刚开始孩子没有按质按量地完成学习计划，也不可责备甚至训斥孩子，因为这样，会打消孩子的积极性。

家长在帮助孩子制订计划后，还要监督和协助孩子执行计划，通过科学的安排、使用时间来达到这些目标，要以充足的睡眠、合理的进餐与有序的学习想结合，否则，即使再完美的计划，也只是纸上谈兵！

为什么我学习起来这么累——好方法引领孩子学习更轻松

作为父母，都望子成龙望女成凤，也都希望孩子有个好的学习成绩，然而，在现实的家庭教育中，我们的孩子似乎总是很努力，成绩却总是提升不上去。而其实，只要认真观察你会发现，很多孩子虽然看似在学习，但是因为不得要领，学习效率低，越是效率低下，越是无法集中注意力，而这又加剧了孩子学习上的困难。为此，作为父母，我们都应该根据孩子的个性特征，为他们制订一套适合他们的学习方法，这样，孩子学习起来不累了，也就专注多了。

丫丫是班上的学习委员，从小学开始，学校光荣榜上一直都有她的名字，进在她的同学眼里，丫丫就是个“屹立不倒的神话”，很多同学都向丫丫取经，问她有什么绝密的学习方法。

丫丫说：“我觉得这要得益于我妈妈的指导，以前我总是死记硬背，效率很差，很多知识根本记不住，后来我一坐到书桌旁，我就没办法静下心来，有时候思维不知道飘到哪里去了。后来，在妈妈的指导下，我开始调整自己的作息时间，做完作业以后就睡觉，然后我每天早上会醒得很早，一般你们大概是六点多起床，我五点就醒了，而这段时间，我会拿来记单词，不知道为什么，我这时候背的单词都不会忘记。另外，对于理科，我会学习好课堂上老师讲的每一个知识点，然后在课下花点时间复习一下，就能巩固了。其实，学习并不是什么难事，每个人都应该有属于自己的一套学习方法，并不是千篇一律的。”

“可是，我们都不知道什么是属于自己的学习方法啊！”

“我们可以求助于父母啊，他们是了解我们的，而且，他们是过来人，我们的学习上的一些不足，他们是能看出来的。”

“是啊，我回去得和爸妈好好谈谈。”

这里，我们看到了学习方法的重要性，不过，调查显示，90%的孩子没有自己的学习方法，纯粹采用传统的填鸭式教育。这样导致很多孩子虽然很努力，可是成绩却依然提高不上去，最后导致孩子上课分神、厌学、贪玩。而家长就开始为孩子不爱学习、厌学而苦恼。也有一些家长会有疑惑：为什么有的孩子能轻松地学好，而有的人很努力却学不好？这还是因为学习方法上的差异问题，孩子有一套属于自己的个性学习方法，自然能学得好。

那么，作为父母，怎样帮助孩子找到属于他自己的个性学习方法呢？

1.认识到孩子的特殊性，尊重孩子的学习兴趣

适合孩子的学习方法是一定要建立在孩子的学习兴趣上的。生活中，当孩子没有达到家长预期的目标时，家长就觉得孩子出了太多的问题，父母愤怒了，或是责骂孩子，或是语重心长“控诉”我们的孩子。孩子沉默了，孩子愧疚了，孩子自卑了……很多时候孩子就是在这样看不见的教育暴力中失去了成长的快乐和发展的潜能。而即使父母为孩子打造出的学习方

法再完美，也不一定适合你的孩子，因为他对此方法根本不感兴趣。

家长要重视孩子的个体差异，充分考虑孩子的优势潜能，注重孩子兴趣和个性的培养，帮助孩子孩找到属于自己的“钥匙”。

2.根据孩子的生活习惯安排孩子高效学习

每个人的机体存在差异，这是毋庸置疑的，他们在生活习惯上有所不同，比如，有些孩子喜欢在晚饭前学习，而有些孩子在睡前的某段时间能发挥记忆的最好效果。对此，父母都要留意，只有这样帮助孩子学习，他才能以最快的时间进入学习状态，提高学习效率。

3.掌握小窍门，让孩子尽快进入学习状态

如何让孩子尽快进入学习状态，是广大家长最为关心的方面。拥有九年个性化教育研究经验的教学专家认为：家长个性化的监督和引导是孩子安心学习的关键。在此，他教了家长们帮助孩子收心的几个小窍门：家长不要给孩子过多压力，要鼓励孩子适当地多看书，或者陪孩子适当做一些体育锻炼，让孩子心态平和下来；另一方面，家长可以帮助孩子制订一个切合实际的学习计划，每天定期了解孩子的学习表现，多给孩子鼓励和建议，使孩子保持积极的心态。

4.训练孩子解决问题的能力

拥有解决问题的能力才是制胜的法宝。父母在帮助孩子找适合其的学习方法时，这一点乃重中之重。要训练孩子这一能力，就要着重培养孩子自主学习和正确的思维方式，长此以往，孩子的成绩及综合素质将能够稳步持续地提升。

总之，帮助孩子找学习方法，需要依据孩子个人的习惯、兴趣、时间安排、生理状态等等。所以，你要想成为孩子的家庭教师，就要全面了解你的孩子，然后作出具体的计划安排。学习方法只有适合孩子自己的才是最好的。有针对性地制订出一套独特的、行之有效的教学方案和心理辅导策略，不仅使孩子掌握一种切合自身的学习方法，提高学习成绩，更重要的是让孩子的心理和心态更健康！

第09章 健脑益智，全面提升孩子的生活品质

孩子注意力不集中，是很多父母和孩子自身头疼的问题，其实，这也是一个普遍性的问题。要提升孩子的注意力，除了培养孩子专注的品质，还需要保护大脑，这也是提升注意力的前提，为此，我们应该从日常生活中开始注意起来，帮助孩子杜绝不良生活习惯，健脑护脑才能让注意力得到提升。

吃得好有助学得好——让孩子的大脑有足够的营养

生活中，我们每个人都需要吃饭，以维持正常的生理需要，这就是人们常说的“人是铁饭是钢”“民以食为天”，我们的孩子也是，并且，孩子的身体正在不断成长，因此需要保证充足的营养，并且，充足的营养能保证孩子脑部发育，这是孩子有良好注意力的前提。我们所说的“吃得好”，并不是大鱼大肉，而是充足且均衡的营养，如果不加节制地饮食，那么，就有可能危及到孩子的身体健康。

的确，就是有这样一些人，他们似乎无法控制自己，定期或不定期地暴饮暴食，甚至不加节制地大鱼大肉，那么，最终就会造成体形肥胖，最终影响身体健康。

陈婕的妈妈是个很注重饮食健康的人。她是个中医，她利用自己的医学知识，经常亲自下厨给陈婕做了很多味道鲜美又营养丰富的饭菜。早餐要么是牛奶、鸡蛋，要么是在蒸水蛋里加些蜂蜜，她说这样吃既营养又能帮助消化。中午的时候她会让女儿吃点水果，比如，苹果、雪梨、香蕉等，因为这些水果可以补充人体所需的维生素和其它微量元素。晚餐会比较丰盛一些，通常会有清蒸鱼、紫菜汤、莲藕炖排骨等，这些食物都有补脑的功效。

陈婕的妈妈说，成长期的孩子还要多吃些清淡的食物，忌食辛辣、油炸食品。

的确，孩子需要充足的营养，但不必刻意追求高营养，但牛奶、鸡蛋、豆浆等富含蛋白质、钙质的食品是不可或缺的，尤其晚上睡觉前喝牛奶有助于睡眠。

那么，具体来说，我们该在饮食上注意些什么呢？

1.一定要吃主食

葡萄糖是大脑活动的唯一能量来源，体内的糖不足，就会出现脑袋发蒙等影响学习的状况。而糖主要来自碳水化合物也就是粮食。

吃粮食要注意粗细搭配，应适当吃些玉米、小米、全麦，但不可用糕点、甜食、糖等代替主食提高热量，过多的糖会使人烦躁不安，情绪激动。

2.早餐要吃饱

一般来说，我们的孩子晚上都要学习，经过一夜体能消耗，各种代谢物在体内也有一些堆积；而上午的学习中大脑所需要的能量几乎全部来自早餐，空腹不仅会影响水平的发挥，而且容易发生低血糖昏厥现象。因此，吃好早餐可以给大脑提供充足的能量，对保持旺盛的精力和较好的学习状态非常必要。

早餐不仅要吃饱，而且要保证吃好。应多吃一些补脑的食物，如鱼类、豆制品、瘦肉、鸡蛋、牛奶以及新鲜蔬菜、瓜果等，少吃肥肉、油炸食品等。早餐应该有粮食，干稀搭配、主副食兼顾，如粥和鸡蛋。

3.少荤多素

一般情况下，过于油腻的东西会加重身体的负担，长期大鱼大肉甚至会影响健康，而新鲜的蔬菜清淡爽口，少荤多素，合理搭配，吃起来心情也会轻松。

4.讲究色香味俱全

健康的饮食要讲究色香味俱全，这吃起来才会感觉到是一种享受。

5.常换口味

人对于经常看到的东西都有个视觉疲劳。同样，同一个菜连续吃两次以上，就会产生味觉疲劳，而本能地产生抗拒。因而，我们为孩子做饭菜时就要变换种类，以保证味觉的新鲜。这样，也能让孩子有个好心情。

6.多食用新鲜蔬菜水果

蔬菜水果中含有丰富的维生素C和膳食纤维，维生素C既可促进铁在体内的吸收，更重要的一点，它还可增加脑组织对氧的利用。另外，这类食物还可帮助消化，增加食欲，尤其在炎热的夏天，本来食欲就低，加之孩子学习紧张，就更不想吃东西了。吃一点新鲜水果可以开胃。

7.可食用一些舒缓神经的食物

我们应要注意为孩子选择含钙高的牛奶、酸奶、虾皮、蛋黄等食物，有安定情绪的效果，这样能帮助孩子提升注意力。香蕉含有一种物质能帮助人脑产生5–羟色胺，促使人的心情变得安宁、快乐、愉快、舒畅。富含维生素C的食品，可以起到平衡心理压力的效果，柑橘和番茄是维生素C的最佳来源。每天饮用红茶，有利于舒缓神经。

掌握以上几点饮食原则的情况下，我们便可以为孩子准备营养又均衡的食物了。

我再也不吃炸鸡了——告别垃圾食品，让大脑更健康

生活中，闲暇之余，当我们问孩子想吃什么时，可能不少孩子会说："我想吃炸鸡、薯条。"而为了让孩子能好好学习，我们对于孩子的这一饮食要求多半也会应允，但我们不知道的是，这类食物无论是对于孩子的身体健康，还是大脑健康，都存在一些隐患。我们发现，那些经常吃油炸食品的孩子，不但身体肥胖，思维上也略显迟滞，其中就有注意力不集中。因此，健康专家呼吁，家长一定让孩子少吃炸鸡类食物。

诚然，成长中的孩子对于能量的需求比成人大，所以我们强调要增加营养，但无节制地饮食会对身体产生巨大的危害：

摄入食物太多，会导致肥胖、高血压、高血脂等一系列身体问题的出现，并且，一些食物摄入过多更会影响孩子的大脑，进而影响到孩子的注意力，那么，这些食物有哪些呢?

1.含反式脂肪酸的食物

炸鸡就是此类食物，反式脂肪酸又称反式脂肪或逆态脂肪酸，是一种不饱和人造植物油脂，生活中常见的人造奶油、人造黄油都属于反式脂肪酸。制造反式脂肪酸的氢化处理过程可以防止分子被氧化，使液体油脂变成适合特殊用途的半固体油脂并延长保质期。据健康专家介绍，在人们经常吃的饼干、薄脆饼、油酥饼、巧克力、色拉酱、炸薯条、炸面包圈、奶油蛋糕、大薄煎饼、马铃薯片、油炸干吃面等食物中，均含有不等量的反式脂肪酸。

反式脂肪酸在自然食物中的含量几乎为零，很难被人体接受、消化，容易导致生理功能出现多重障碍，是一种完全由人类制造出来的食品添加剂，实际上，它也是人类健康的“杀手”。

研究认为，青壮年时期饮食习惯不好的人，老年时患阿尔兹海默症（老年痴呆症）的比例更大。反式脂肪酸对可以促进人类记忆力的一种胆固醇具有抵制作用。

2.过咸的食物

过咸高盐的食物，包括咸菜、咸肉、咸鱼、豆瓣酱等，若宝宝食用过多（宝宝1岁前尽量不添加盐或少添加盐，1岁以上每天3克以下就足够了），不仅会产生动脉硬化等疾病，还会损伤动脉血管，影响脑组织的血液供应，造成脑细胞的缺血缺氧，从而导致宝宝记忆力下降、智力迟钝。

3.含铅铝过高的食物

铅、铝是对孩子智力影响最大的两种金属元素，它们对宝宝智力的影响是不易逆转的。过量的铅进入血液后很难排除，会直接损伤大脑。而铝是脑细胞的一大“杀手”（人体每天铝的摄入量不应超过60毫克），人体内积聚的铝过多，会对大脑及神经细胞生出毒素，出现记忆力减退、智力下降、反应迟钝等症状。生活中含铅、铝食品用品我们随处可见，如皮蛋、爆米花、油条、部分罐装食品饮料、漆制玩具等。

4.加糖鲜榨橙汁

加了糖的橙汁比汽水的热量还要高，糖分也比汽水多，因此，青少年朋友最好吃原水果，比饮料更健康，也更能保护自己的大脑。

当然，有损伤大脑的食物，就有能护脑的食物，下面我们推荐几种：

南瓜：中医认为，南瓜性味甘平，有清心健脑的功效。因此，经常食用一些南瓜可以缓解头晕、心烦、记忆力减退等症状。

海带：研究表明，海带中含有丰富的亚油酸、卵磷脂以及磺类物质等大脑必需的营养成分，拥有很强的健脑功能。

葵花子：葵花子中含有丰富的维生素E和维生素B群，不仅能够提高机体免疫力、防止细胞衰老，还能够调节脑细胞代谢和改善其抑制机能，从而起到镇定情绪、缓解失眠、提升注意力的作用。

核桃仁：核桃仁是最常见的一种补脑健脑食品，因其内含丰富的不饱和脂肪酸、蛋白质以及维生素等成分，可补脑健脑，促进脑细胞活性，提高思维能力。因此每天适当吃一些核桃仁，可消除大脑疲劳，使大脑功能恢复正常，从而补脑护脑。

胡萝卜：胡萝卜中所含的蛋白质、氨基酸和比较丰富的胡萝卜素，能够加快大脑的新陈代谢，预防和消除大脑疲劳，帮助孩子提升注意力。

大豆+沙丁鱼：大豆中所含的谷酰氨和卵磷脂以及沙丁鱼中所含的牛黄苏都是大脑必需的重要营养物质，因此，将这两种食物搭配食用具有很好的健脑、延缓脑细胞衰老的作用。

总之，在孩子成长的过程中，孩子的大脑发育一直是家长最关心的事情，每个父母都希望自己家的孩子能聪明，饮食一直是我们关心的问题，在孩子成长的阶段，合理的饮食不但有利于生长发育，还有助于大脑发育，因此，家长要注意合理膳食，尽量避免摄入伤害孩子身体和大脑的一些食物。

周末全家去郊游——经常带孩子接触大自然

如今，越来越多的人涌入城市，飞速发展的城市更是标志着人类走向文明和成熟。但是，凡事都有两面性，在走进城市的同时，我们无疑失去了大自然，对于成长中的孩子来说何尝不是如此。对生活在都市里的孩子来讲，他们越来越渴望接触大自然，他们经常说："周末我们去郊游吧。"的确，因为学习任务的不断增加，家长对他们的要求也不断提高，然而在学习重压之下他们越来越缺乏必要的户外活动了，这对孩子身心健康的发展极为不利。

相反，带孩子接触大自然，它可以拉近孩子与自然的距离，让他们领略身边山山水水的美丽和自然的妙趣，可以沐浴明媚的阳光，呼吸清新的空气，缓解学习压力，学到许多课本无法给予的知识，有益于孩子的身心健康和快乐成长。

如果成天把孩子关在屋子里，让他待在狭小的空间里，容易让孩子在枯燥、无味的生活中变得郁郁寡欢，不仅会影响孩子的专注力，还遏制了他各种能力的发展，影响其身心健康。因此，家长应把孩子从闭塞的空间里解放出来，创造条件让孩子去感知自然，体会自然的美丽和乐趣，让孩子在自然的怀抱中健康成长，提高感受力与专注力。

大自然的美好不仅可以刺激孩子的大脑细胞，提高大脑兴奋度，提高孩子的注意力；更可以让孩子的情感得以抒发，情绪得以释放，从而发挥更大的潜力。可以说，大自然是孩子学习知识、体验美与生命力得天独厚的课堂。在这个课堂中，孩子不仅可以感受到大自然的美好，更可以增长见识，锻炼自己的意志力。

对于孩子来说，大自然是他们学习、体验、观察、探索的最好场所，在这里，他们的知识得以丰富，体验得以增长，观察力得以提高，而观察所需要的专注力更得到了很大的发展。

我们发现，婴儿在还没有行动能力的时候，只要我们将其放到自然空间里，阳光晒在皮肤上、不同的色彩及光线、大自然的芬芳及鸟儿啾啾的声音，自然之中有太多太多的感官刺激，这些都会激活婴幼儿脑细胞对知觉的辨识，对孩子的各方面发展有极大的帮助。

随着孩子的成长，孩子投入到大自然，不但能让身体得到放松，更能让孩子调节心理活动。

上四年级的丹丹心情一度很不好，

她的爸爸陈先生是个细心的人，他看出来女儿最近的变化，甚至写作业时都在发呆，为此，他找来丹丹，开始帮助女儿释放一下心里的不快。

在一个周末，还和小时候一样，陈先生开着车带着女儿来到郊外。丹丹一下车就深深地呼吸了一口新鲜空气，此时，陈先生对女儿说："能跟爸爸说说你最近怎么了吗？"

"你知道啊，我和阳阳关系很好，我一直把她当最好的朋友，但是她要转到别的学校了，而且很远，我们学习这么忙，估计是没时间见面了。想想以后我一个人上学放学，我就难过。”

“爸爸理解你的心情，你们这个年纪，拥有一份真正的友情很不容易，我相信阳阳也很珍惜你们的友谊，但是丹丹，你想想，你这样一天闷闷不乐的，不仅影响学习，对自己身体也不好啊。其实现在的通讯这么发达，打电话，微信，视频都能见到她，你不必难过。”

“嗯，是啊，今天跟爸爸出来走走，人好多了。”丹丹说。

“以后等你有时间，我会经常带你出来的，置身于大自然、爬爬山、看看水，心情肯定能好很多。”

果然，和爸爸回家以后，丹丹又和以前一样，脸上总挂着笑脸，学习也有劲儿了。

的确，在我们孩子成长的过程中，对于学习、人际交往，难免发生一些不快，产生一些不良情绪。这些不良情绪，一定要找一个发泄的出口，否则，很容易影响身心健康。

此时，我们可以和孩子一起去大自然中走走，让孩子忘却烦恼。大自然的景色，能扩大胸怀，愉悦身心，陶冶情操。当孩子融入大自然后，他会发现自然的雄伟，一切不愉快在自然面前度显得渺小，他的心情自然会好很多。到大自然中去走一走，对于调节人的心理活动有很好的效果。

我们带孩子投入大自然中，也告诉孩子，一旦走入大自然，就要全身心地投入当中去。比如，到草地上躺躺，到大树下睡一觉，将脚放到流淌的清泉里，还可以钓鱼、赏花，或者只是呼吸品味大自然中的气息……

有条件的话，最好到真正的大自然当中，如郊区。如不具备条件，可考虑到城市公园等人造的自然风光中去，当然效果会打些折扣。在走入大自然之前，可能还得考虑时间、金钱等问题，多数情况下，这一切都是值得的。

原来大脑也要保护——让孩子知道这些坏习惯有损大脑

我们都知道，随着年龄的增长，出现注意力不集中、记忆力下降的现象是很自然的。常听到老年人感叹："年纪大了，脑子不中用了。"然而，我们发现的是，现在越来越多的年轻人，甚至在很多学生也感到脑子不够用，常常注意力涣散、做事情丢三落四。事实上，出现这样的情况，和一些生活中不知不觉养成的有损大脑的不良习惯有着密切的关系。

那么，这些不良习惯有哪些呢？

1.长期饮食不当

饮食对于大脑的衰老和神经退行性疾病的发生是有影响

的。长期饮食不当，如吃太饱，太多甜食或经常食用快餐和方便食品，都将会加速与年龄相关的认知下降，并增加神经退行性疾病发生的风险。

2.睡眠不足

随着人们生活节奏普遍加快，睡眠不足已成为当今都市人的普遍现象，专家提醒睡眠不足对人的智力和记忆力影响很大。

曾经有科研人员对24名大学生做了研究。研究人员将他们被分成2组，他们的测验成绩一样，随后，这两组学生，其中一组彻夜不眠再进行测验，另外一组进行了正常的睡眠和休息。研究表明，一夜未眠的学生的测验成绩大大低于正常睡眠的学生的成绩。

大量研究证实，睡眠不足的人的认知能力、语言能力、创造能力和制订计划的能力都会降低，这是因为，人在睡眠不足的情况下，大脑前额叶皮层活动会减少。另外，长期睡眠不足或质量太差，还会加速脑细胞的衰退，导致记忆力下降，长期以往聪明的人也会糊涂起来。

睡眠过多同样引起记忆损伤，每天睡眠超过9个小时的人容易出现记忆衰退的现象。日间思睡导致注意力不集中、记忆力下降，还是引起各种事故的重要因素。

3.抽烟喝酒

长期抽烟酗酒会引起大脑血液供应不足，血流不畅部位的脑细胞就有可能逐渐因缺血而萎缩，严重者则有可能导致记忆力逐渐减退并引发痴呆。

英国伦敦大学学院最新研究发现，长期大量饮酒可导致大脑萎缩，中年时酗酒者出现记忆衰退的时间比喝酒较少者提前了6年。因此，必须控制饮酒量，小酌怡情，豪饮伤身。

2012年英国伦敦国王学院通过记忆测试发现，吸烟的人记性更差，原因在于，吸烟时不仅吸入有害气体，还会减少氧气的吸入，大脑长期缺氧，久而久之损伤记忆。

4.过分依赖电子产品

随着科技的发达，日常生活中可以接触到的电子产品越来越多，如电视、电脑、手机和平板等。过分依赖电子产品会促使大脑在其功能上更习惯于信息搜索，而减少或忽略使用记忆，由此负责记忆的大脑区域就会变得越来越懒，逐渐衰退；记忆力得不到充分的锻炼和激活，长期处于懈怠状态，就会出现精神难集中、记忆力下降和丢三拉四等情况。

另外，有报道称电子产品在使用时所发出的辐射，会影响记忆和逻辑思维，严重的可导致学习能力的减退甚至丧失，也会引起大脑和行为的混乱，以及抑郁症等。

5.缺少运动

缺乏运动会对大脑负责人体的执行功能和存储记忆力的脑纹体和海马体等造成不良影响。研究发现，经常锻炼可使更多新鲜血液携带着更多的氧气进入大脑，给大脑以更丰富的滋养；同时运动可以刺激脑源性神经营养因子，促进大脑神经元的生长或再生，据报道经常锻炼能让成年人的海马体容量增加2%。体育锻炼能平衡大脑中的化学物质，加强神经细胞之间的连接，从而提高脑力。

越长时间不运动，越是注意力很难集中。研究表明，适当的有氧运动不仅对人的记忆有影响，对提升大脑活力的作用也非常显著，而且有利于人体周身的血液循环，能更好地为脑部供氧和增加营养，保持脑部的活跃，孩子的注意力自然有所提升自然也就更好了。

6.不与人交流

人需要交流和沟通，快乐积极的情绪对增强人的脑部活力有着重要的作用。和人交谈时必需的反应和有逻辑条理的对答话语，能锻炼和促进大脑的功能。因此，作为父母，我们要鼓励孩子在学习之余多与人交流，这样不但能缓解紧张的学习气氛，也让孩子的大脑重新得到活力。

7.长期高压下学习或抑郁环境下生活

适度的压力可以促进人的思维，但压力过大会伤害大脑。研究表明，压力促使肾上腺分泌皮质醇，而皮质醇过高对大脑颇具危险。

总的来说，在日常生活中，作为父母，我们要尽力让孩子避免以上不良习惯。

第10章 注意力强并不是天生，如何对孩子进行注意力训练

我们的孩子虽然生来就有注意力，但是也需后天培养才能进一步提高，因此，我们可以采用一些简单、科学、实用的方法，对孩子进行相应的注意力训练。这样，不但能提升孩子的注意力，还能激发孩子其他方面能力的开拓和发展。

让思路“追”着走——对孩子进行有意注意力训练

前面，我们已经谈到有意注意的概念，并进行了一番阐述，对于孩子来说，在他们成长的早期对他们进行有意注意教育尤为重要，因为此时注意力集中的习惯容易被养成，注意力不集中也易在这一时期形成。注意力在活动中表现，也可以在活动中训练，孩子的注意力在成长的过程中会不断提高。在谈到如何训练孩子的有意注意前，我们先来看看下面一个案例：

一天，丁丁爸爸的同事来家里和爸爸探讨工作上的一些问题。这位叔叔来了后，就和爸爸一起进了书房，爸爸兴致勃勃地与朋友谈论工作。正当讨论进行得最激烈的时候，妈妈端进去一盘蔓越莓味的饼干。爸爸一边讲着一边把饼干送到嘴里。

吃完后，这位叔叔问爸爸：“你吃的饼干什么味道的？”

“是什么味道的啊？”爸爸问。

“蔓越莓味道的呀！”妈妈在屋外说。

“啊？我真没注意。”

这里，爸爸之所以没有注意到饼干的味道，就是因为这不是他当时在意的问题。可见，不管要注意什么，首先你都要主动去注意，只有“有意注意”，才会真正注意到。如果事先妈妈说饼干是蔓越莓味道的，爸爸就会有意地注意到。这种有预定目的，需要一定意志努力的注意就是有意注意。它是注意的一种积极主动的形式，服从于一定的活动任务，并受人的意识自觉调节和支配。

其实，做任何活动，除了一些必备的知识经验、能力等基本条件外，还需要一种精神上的准备和坚持到底的品质。不论从事什么活动，不论你有多喜欢一项活动，你都会经常遇到一些使你不感兴趣又必须要做的事情。此时，你就必须进行有意注意，迫使自己把注意力集中到这些活动上来。只有你有意去注意这些事物，你才能获得你想要的东西。

在孩子的成长过程中，大部分时间都是在学习中度过的，在学习过程当中，并不是所有的东西都是有趣的。有的内容比较枯燥，有的问题比较困难，只靠无意注意无法进行学习。所以，只有加强培养孩子的有意注意，才能很好地完成教学任务，使孩子学得必要的知识。

不过，需要注意的是，有意注意的另外一个特点是要费一定的努力。有的孩子虽然对学习目的和意义也有一定的认识，但是自己控制自己的能力比较差，不能靠自己的意志努力坚持把注意力集中在学习上，他们常常经受不住外界条件的引诱和干扰而分散注意。例如，有的孩子在做家庭作业的时候，听到别的孩子在窗外游戏嘻笑的声音时，以及受到外界刺激因素的引诱和干扰时，不能靠意志努力有意地集中于做作业上，以致不能完成作业。

因此，父母就需要在日常生活对孩子进行有意注意力的训练。以下是几点要义：

1.帮助孩子理解活动目的，培养有意注意力

孩子对活动的目的和意义理解越深刻，他完成任务的意识也就越强烈，在活动的过程中，注意力就越集中，注意力维持的时间也就越长。在日常生活中，家长可以训练孩子带着目的去自觉地集中和转移注意力。如问孩子“妈妈的衣服到哪去了”，或者是让孩子画张画送给爷爷奶奶做生日礼物。这样有目的地引导孩子学会有意注意，逐步养成围绕目的，自觉集中注意力的习惯。

2.提高孩子的兴趣

兴趣是引起注意的关键。没有兴趣的注意力是枯燥的，也是没有效果的。如果孩子对学习没有兴趣，原因有很多，如缺乏明确的学习动机、学习难度大或者在不喜欢该科目的老师等，我们要根据具体情况进行排除，并帮助孩子重新挖掘学习兴趣，这一点我们在前面已经着重分析。

3.可有计划地给孩子布置学习任务

在布置学习任务时，要提出一定的要求，使他们在完成一些力所能及的、但是又有一定困难的作业中培养和锻炼自己的注意力和意志力。

4.排除不必要的干扰

不管做什么事，都会碰到不必要的干扰。这时候，如果你希望孩子把注意保持在活动任务所要求的事情上，你就必须采取一些特别的行动来消除或减少外界刺激物的影响。例如，告诉孩子把分散注意的物品拿开；把学习的地方收拾整齐；设置好学习环境的照明条件；降低干扰声音的强度，等等。干扰的事物越少，孩子的注意力就会越集中。

总的来说，对孩子进行有意注意力训练，是提升孩子注意力的重要方面，应当引起我们家长的重视。

智慧在手指尖上——对孩子进行动手能力训练

我们都知道注意力对孩子成长的重要性，很多情况下，那些坐不住的孩子，根源之一就是动手能力的欠缺，而那些动手能力强的人通常更认真专注。的确，手是人类发展过程中重要的感觉器官，多动手可以开发和促进孩子的脑部发育和智力发展。日常生活中，爸爸妈妈应该鼓励孩子去大胆地探索世界，让孩子通过他们手部和身体其他部位的配合与拓展，在满足自己好奇心的基础上，获得对整个世界的认知与热爱。

然而，我们发现的是，现在有很多孩子是独生子女，全家围着孩子转，恨不得把所有的事情都替孩子做了，但是家长要冷静地想一想，这种教育方法可行吗？现在不让孩子做，等他长大了，他就什么都不会做，也懒得去做，因为在他的心中，爸爸妈妈早晚会为自己安排好的。这样的孩子，事事依赖父母，往往自制力不足，更别说认真专注地学习了。

专家建议，动手能力培养的关键时期是儿童期，儿童时期养成的习惯将会伴随孩子的一生。具体来说，我们需这样训练：

1.让孩子自己的事情自己做

这可以锻炼孩子的手眼协调能力，促进儿童大脑的发育；动手做还可以提升孩子的能力，培养孩子的责任感。比如说，让孩子收拾房间、整理物品，可以锻炼孩子的逻辑推理能力。一个整理房间有技巧的人，也一定是主次分明的人，可以分清重点，并且能具有合乎逻辑的归类性。所以会动手的人，也一定是聪明能干的人。

对于小孩子，可以让他动手去做的工作有很多，如做家务，做习题。家务包括自己整理物品、房间、抽屉、文具、玩具，和草稿纸、作业。草稿纸要整齐，作业也一样，不是能看出答案就算完成了，而是应一步步写在纸上。这个过程还可以培养孩子的责任感，自己要对自己的事情负责，承担责任。家长可以监督孩子，但不要替代孩子去做，包括不要帮助孩子检查作业。检查是孩子对自己行为承担责任和后果的一个重要步骤，如果这一步由家长代替，实际上是家长替孩子承担了行为后果。而家长成为仲裁者也减轻了孩子的责任感，使孩子对自己的行为没有责任意识。

2.鼓励孩子力所能及地帮助别人

家庭生活是一种集体生活，也可以看做社会的缩影，家长要引导孩子多为父母做些事情，可以是一些很小的事情，如扫地、擦桌子、洗碗筷，等等，从小培养孩子为他人着想的意识。

总之，生活中处处都有机会，孩子的动手能力随时都可以培养，父母要从传统的价值观中走出来，鼓励孩子多做，在做的过程中让他多看、多听、多想，把孩子培养成为一个自信、乐观、有创意、心灵手巧的人！

听得认真才更专注——在听觉训练中提升孩子的注意力

教育专家认为，良好的听觉功能是智力增长的重要条件，孩子出生后，孩子对周围世界的认识、思维能力的形成，都是从听觉开始的。在婴幼儿期，孩子的智力发展主要是以听言语为主，如果此时孩子的听力有障碍，很明显会造成很多问题，比如，语言问题，这会导致学习和人际交往的困难，也会影响智力的发育，更别说有良好的注意力了。

孩子到了上学的年纪，如果听觉不灵敏的话，便容易造成注意力差，明明在认真听，却很容易听错或者记不住。想想在平时的学习中，孩子是不是经常出现这样的情况：听不清或听错老师的话；记不全老师的讲课内容，学习新知识反应慢；容易忘记家长或老师交代的事情；在听写或复述时轻易出错，颠三倒四，逻辑不清；对学习的内容死记硬背，不能举一反三……

那么问题来了，为什么有的孩子只说一遍就能听得懂、记得住，就像过耳不忘一样，而有些孩子却像没带耳朵一样？

其实就是孩子的听觉能力发展程度不同导致的！

有的家长可能疑惑了：我家孩子的听力没问题啊，怎么会充耳不闻呢？此时，我们要明白的是，听力不等于听觉能力。听觉能力好的孩子才会注意力集中，才会认真学习。

听觉能力包括听觉注意力、听觉分辨力、听觉记忆力、听觉排序力、听觉理解力、听说混合力。其中一项内容发展不良的话，都会影响孩子的学习。

那些听觉能力差的孩子在学习上通常十分吃力，如有的孩子读五年级，但听觉能力只发展到三年级水准，在课堂上，五年级的内容孩子很难理解，但是此时三年级的内容老师又不可能再去重复讲解，所以，对于这一部分孩子来说，上课就极为痛苦了。听觉能力强的孩子在学习上会占有明显的优势。像有的孩子读四年级，但听觉能力已经达到六年级的水平了，这些孩子听起课来就能做到过耳不忘、理解透彻，十分轻松。

听完上面的讲述，我们大概能明白为什么让孩子努力学习却达不到效果了，这是因为孩子听觉能力不足。为了提升孩子的听觉能力，我们有必要在孩子很小的时候就对他们进行听觉能力训练。

1.注重对孩子听力的早期训练

孩子出生后，会对母亲唱的摇篮曲十分在意，这是因为母亲悦耳的歌声是对孩子最好的刺激，因此，我们可以给孩子朗读优美的诗歌，听各种唱片，听各种声音，从不同方位发出的声音，从而训练方位听觉及对不同音调的辨别能力。也可以在孩子的摇篮上方系一个小铃铛，让孩子听摇铃声、注视摇铃，并引导婴儿去摇动它，使它发出声音。

为了测试孩子的听觉灵敏度，我们可以从房间的不同地方向孩子说话或摇铃铛，看他会不会听到并用眼睛追寻声音的来源。

另外，孩子出生后，我们要多和孩子讲话，使他逐步由听懂语音到听懂词，并且学习自己发出词声来。

2.较大的孩子可以采用一对一的形式进行听力训练

可加以音调强弱、速度快慢的控制，这更能引发孩子的听觉注意力。如母亲控制说话的语调，唱歌时采用不同韵律和节奏等循序渐进地给予声音刺激；还可调整鼓声、铃声的强弱、快慢、次数，逐渐从“听觉记忆”发展到“语言表达”。

3.与孩子一起做听觉注意力训练的游戏

（1）编故事。我们可以编一个故事的开端和情节，然后由孩子自己继续编，然后讲述出来，这就要求孩子必须认真听完前半部分，因此，这是锻炼孩子听觉注意力的最好方式。

（2）声调绕口令。我们可以在句子中将四个声调都运用其中，然后让孩子读出来，看看孩子的发音是否准确，如“医生把爸爸八颗牙都拔掉了”。不仅能看出孩子在学习中是否出现平舌音、翘舌音不分，或者学习多音字时存在困难，也能锻炼孩子的听觉分辨力。

（3）复述。我们可以给孩子讲个故事，让孩子自己复述出来，这也要求孩子认真听完我们说的话，如果孩子认为比较难，可以先从复述简单的数字或者字词开始，逐步提升孩子的听觉能力。

（4）顺背倒背。我们可以在纸上列一串数字，或者列一串词语，从短到长设置，然后让孩子顺着把数字或词语背出来，再倒着背出来，每天3~5次。

（5）让孩子当小老师。我们的孩子在学校是学生，但在家里，我们可以让孩子当次“老师”，让他教我们家长学习他们在学校学习的知识。这样，不但巩固了孩子的知识，还锻炼了孩子的听觉理解能力，更重要的是，孩子的学习积极性也会有所提升。

我和爸爸妈妈一起看书——在亲子阅读中提高孩子的专注力

有人说，人的灵魂不能浅薄，庸俗，无聊，它永远在追求最高尚的东西。使之高尚的重要渠道就是读书。而读书能让人摒弃浮躁净化心灵，我们要提升孩子的注意力，也就是这一目的，每天坚持阅读，把孩子需要懂的道理和规则用故事的方法去教给孩子，他更容易接受，也有利于专注力培养。因此，我们可以为孩子规定每天阅读十分钟，久而久之，孩子的知识面和阅读能力就提升了不少。

但实际上出于很多原因，孩子在很小的时候对书籍的好奇以及兴趣经常被以父母为中心的家庭教育扼杀了，有些家长认为“孩子应该把精力放在学习上，阅读太多影响学习”，而他们忽略了一点，阅读对于培养孩子的专注力很有帮助，爱阅读的孩子，学习成绩不会差。同时，阅读能提升孩子的气质，当孩子与人交谈时，能娓娓道来、引经据典时，他便能获得别人的赞赏，毕竟，一个博学多才的人往往在气质上更胜一筹。

我们先来看看下面故事中的妈妈是怎么教育女儿的：

我在一家私营企业担任会计，每天有数不完的事情，但即便这样，我还是不忘对女儿的教育，女儿今年六岁了。年初，我就和老公商量，谁有时间，就要带女儿去图书馆。刚好，最近我在电视上看了一个“书香润童年”的活动，主要是倡议我们鼓励孩子多看书。还记得我在北京读书的时候，第一次上古代汉语课，教授说他这辈子第一次去首都北京，最难忘的不是天安门，也不是长城故宫颐和园，而是首都图书馆，他说当他一走进首都图书馆的大门，立刻就被知识的力量震慑住了，浩瀚的知识的海洋把我们映射的如此渺小。

“学无止境”，这就是图书馆给我们每个人的感觉。这天周末，我说去图书馆，女儿一脸的兴奋，不错，小家伙对读书不排斥。来到图书馆，我先办了读书卡，然后对女儿说：“小白，进到图书馆里面一定不能大声说话，因为叔叔阿姨们都在安静地读书学习，声音太大会影响别人，你要像楼下的小妹妹睡着了那样轻轻地走小声地说。”女儿用力点点头“嘘”了一下。

看了一下图书馆的布局图，发现，我发现儿童读物在三楼。走到三楼阅览室，我再次对女儿“嘘”了一下，女儿非常配合，静静地随着我穿过一排又一排的书架，最后找个位子坐了下来。小家伙找到自己喜欢的读物后，就乖乖看起来。

到下午五点的时候，我提醒女儿该回家了，她才不舍地离开读书馆，我问女儿有什么感受，她说：“妈妈，以后我们可以不可以自己盖一个读书馆，里面好多好玩的东西。”我知道，我们这一次图书馆之行起作用了，女儿爱上读书了。

这位妈妈的做法是明智的，她有意识地培养孩子的阅读兴趣，并陪孩子一起读书，相信她的女儿以后一定会自信、健康地成长。

那么，怎样才能使孩子爱上阅读呢？又怎样指导孩子阅读呢？

1.去伪存精

我们不得不承认，现在市场上充斥着各种书刊，并不是什么书目都是适合孩子阅读的，真正有品位、适合鉴赏的寥寥无几。我们要为孩子挑选出健康、积极且有益于身心发展的书刊。

约翰逊医生说：“一个人的后半生取决于他读到的第一本书的记忆。”因此，父母一定要很认真地将第一本书交到孩子的手里，如果一本书并不值得孩子阅读，我们就没必要非要让孩子去读，因此，我们父母在孩子的阅读的图书的把控上，有很重要的作用，不要让孩子将时间浪费在阅读垃圾文字上。

2.注意培养孩子的阅读方法

当孩子年纪还小、无法识别很多文字的时候，要教孩子带着感情阅读，这样有利于培养孩子表达能力以及想象力。父母可以选择大号字体印刷的书籍，或者指着文字大声朗读，来帮助孩子们阅读。父母在读书的时候孩子会跟着进入书中的情节，很快孩子就会认识很多生字，并独自阅读。

3.善用肢体语言

和孩子进行亲子阅读时，不要忽视身体语言的作用。模仿是孩子学习的主要方式之一，父母可以将书中的内容用丰富的肢体语言表演给孩子看，孩子在模仿的过程中就会更好地理解书中的内容，并能激发他的想象力。睡前阅读是最佳阅读时机，幼儿的浅睡眠时期最容易进行无意识的记忆，因此睡前的阅读一定要把握。

4.理论与实际相结合

为了增强和激发孩子阅读的兴趣，建议家长们将书本上的知识与生活认知结合起来。在和孩子一起读过海洋动物书后，就可以带他去海洋馆看看海豚、海豹到底是什么样子；看过植物书后，则可和孩子一起去野外认识各种可爱的植物。这样就可以使阅读变得很有趣，孩子的读书兴趣就会逐渐建立起来。

5.为孩子规定，每天最少阅读十分钟

任何习惯的养成最少需要21天，孩子的阅读习惯也是如此。一开始，我们可以带领孩子阅读，当孩子养成习惯以后，就会把阅读当成每天的精神粮食了。

其实，让孩子爱上阅读并不是什么难事，关键是家长要知道想让孩子读哪类书，还要进行有目的地引导，只有这样孩子才能够按照家长的期待爱上读书。书中自是知识的海洋，当你的孩子爱上阅读以后，他对于自我修养、气质的培养也自然有一个全面的认知和理解，气质也就能由内而外散发出来！

参考文献

[1]鲁鹏程.孩子注意力不集中，妈妈怎么办[M].北京：中国人民大学出版社，2018.

[2]陈雪梅.让专注成就孩子一生[M].北京：中国纺织出版社，2011.

[3]闻少聪.如何做孩子注意力集中[M].上海：华东师范大学出版社，2018.

[4]宋少卫.中国孩子注意力养成大书[M].北京：电子工业出版社，2019.